阅美
文化

悦 读 阅 美 · 生 活 更 美

女性生活时尚阅读品牌

☐ 宁静　　☐ 丰富　　☐ 独立　　☐ 光彩照人　　☐ 慢养育

玫瑰
岁月

Woman's
Female
Friend

女人的
女朋友

赵婕 著

漓江出版社

图书在版编目(CIP)数据

女人的女朋友 / 赵婕著. — 桂林：漓江出版社，2019.8
（玫瑰岁月）
ISBN 978-7-5407-8690-8

Ⅰ.①女… Ⅱ.①赵… Ⅲ.①女性 – 幸福 – 通俗读物 Ⅳ.①B82-49

中国版本图书馆CIP数据核字(2019)第101945号

女人的女朋友（Nüren de Nü Pengyou）

作　　者：赵　婕
出 版 人：刘迪才
策划编辑：符红霞　　　　责任编辑：符红霞
助理编辑：赵卫平　　　　营销编辑：郭　玥
封面设计：孙阳阳　　　　内文设计 | 插图：夏天工作室
责任校对：王成成　　　　责任监印：黄菲菲
出版发行：漓江出版社有限公司
社　　址：广西桂林市南环路22号
邮　　编：541002
发行电话：010-85893190　　0773-2583322
传　　真：010-85893190-814　　0773-2582200
邮购热线：0773-2583322
电子信箱：ljcbs@163.com
微信公众号：lijiangpress

印　　制：三河市中晟雅豪印务有限公司
开　　本：880 mm × 1230 mm　1/32
印　　张：8.5
字　　数：180千字
版　　次：2019年8月第1版
印　　次：2019年8月第1次印刷
书　　号：ISBN 978-7-5407-8690-8
定　　价：45.00元

从"纯棉时代"进入"玫瑰岁月",

我才体会到:生命如玫瑰。

玫瑰多姿,玫瑰有刺,玫瑰留香。

追忆逝水年华,不由低声轻叹:

在多少面镜子里有你我的生命,在多少深渊之畔有

你我的歌唱。

目录
contents

这本书，分享的是从幼年到成年，从女孩成为女人的成长路上所经历的女性之间的友谊故事。这些故事，一方面讲述女性之间互相给予的成长力量，另一方面讲述女性之间互相给予的快乐与幸福。

玫瑰盛开如玫瑰

——女性的"盛开"和互相给予

《三联生活周刊》的征稿

在修改《女人的女朋友》这本书的初稿时，看到《三联生活周刊》的征稿：一个女孩的成长中有哪些可能性？

这则征稿启事提到"不久前的 me too 运动"，试图寻找"什么是女人，什么是合适的女性角色"这一问题的清晰答案，追问："为什么在这个时代，女性仍然有那么强烈的无助感？我应该如何养育一个女孩，才能让她勇敢地面对世界，自由地活出自己？"

它召唤大家来共同关注"女孩的成长问题"，希望参与征稿的人至少是以下三种身份之一：

• 家中有女孩，对于养育女孩这件事情有困惑有思考的母亲或者父亲。

• 家中有孙女，对于养育女孩这件事情有困惑有思考的祖母或者祖父。

• 曾经是一个女孩，对于成长过程中的女性意识有过困惑与思考的成年女性（年龄不限）。

作为一个曾经的女孩，我已经是一位母亲，也期待变成祖母。而我自己，不仅在祖母、母亲身边长大，作为一个独生女，在成长道路上，我还遇见过代祖母、代母亲、代姐妹，是她们共同"养育"

了我，启迪了我。正是这种以友谊的面目出现的"养育"力量，发掘了我"成长中"的"可能性"，帮助我"勇敢地面对世界，自由地活出自己"。

美国名校的一门课

有媒体提到，美国斯坦福大学开了一门课程，叫"女人的女朋友"。其中一讲谈到"身心连接（Mind-Body Connection），压力与疾病的关系"。开设课程的教授是这所大学的精神病学主任。这门课得出一些观点：

· 对一个男人的身体健康来说，最好的事情之一，就是结婚有一个家庭；而对于一个女人的身体健康来说，最好的事情之一，却是她应该建立和培养她和女友之间的友谊关系。

· 女人和女人之间有着不同的互动关系，她们互相提供支持，帮助对方应对压力和生活中的困难。

· 高质量的"女友时间"（Girl Friend Time）可以帮助她们创造更多的血清素—— 一种神经传导物质，有助于防治忧郁症，并能给女人创造良好的自我感觉。

· 而男性之间的关系，往往是建立在活动／事件（Activities）

基础上的。男人很少会坐下来与好友聊天，他们几乎不会去聊自己对某些事物或私人生活的感受。

● 女人总是在交流感情、探讨感受的。她们和她们的姐妹／母亲分享自己的灵魂，显然这对女人的身体健康非常好。对于女人来说，花点时间和女朋友一起交心，是和跑步或在健身房中锻炼一样重要的。所以当你每一次和女朋友在一起"闲聊"或"消磨时光"时，请你祝贺自己为着身体健康做了一件好事吧！有女朋友交心，其实是非常幸运的。

女友如手足

女性，是家庭的根，是人类的根，是未来的根。女性有充分了解自己的责任，男性也有充分了解女性的责任——这是责任，也是幸福的起点。一个女人的深沉需要，包括两性之爱。一个女人在成长期，需要男性的欣赏。在生理期、生育期，需要男性的理解和体贴。女人的天性，做母性的天职，因此得以很好地完成。

同时，女性的友情，对于女性的价值，可以与亲情、爱情等量齐观，甚至超越其上。同性友情，是女性一生可以追寻的丰富而漫长的情感体验。同时，时间、空间、价值观、男性等种种因素也会考验女性之间的友情。女性不同生命阶段的女朋友，是她照见自己的镜子；同时她也是一面镜子，照见自己的每一位女友。在交往中，除了互相发现，双方相得的女友还能互相协助、彼此成全。当然，其反面也是存在的。女性之间的故事，或大方自然，或幽暗隐秘。男性世界的很多秘密，也存在于女性的窃窃私语里。良好的女性情谊带给女性个体成长的力量与幸福的价值，也在女性总体不断自我解放的道路上，形成独特的"姐妹文化"。

2005年，"纯棉时代·感动"书系在人民文学出版社出版后，邵燕君女士曾写过一篇《女友如手足》，提倡"女友文化"。

文章开篇，她写道："赵婕的'纯棉系列'包括三本书：《纯棉婚姻》《纯棉爱情》和《纯棉女友》。我首先打开的是《纯棉女友》，我同意那句话：未成熟的女人爱男人，成熟的女人爱女人，亦爱男人。不同于时下'小女子散文'的绵软无骨，赵婕的文字虽也精致细密，但在层层'纯棉'包裹之下，却有一种坚如金玉也贵如金玉的至宝——女友之间的情谊以及尚不被世人完全认识的'女友文化'。"

文章的末尾，她写道："这样的'女友文化'相当接近女性主义的'姐妹情谊'。但在赵婕的笔下，女性主义不是从理论上搬来的，而是从生活中生长出来的。就像蜜蜂酿蜜，采自百花，出自身心，香甜美好，自然茁壮。这又香又甜的蜜糖是女人的瑰宝，男人未必知晓，聪明的女人要珍惜。"

邵燕君的洞察是准确的。当年写《纯棉女友》时，我没有"理论"意识，我只有"生活"；因而，我文字中叙述的"纯棉女友"之间的"生活"实实在在的样子就是："我们看到各自的人生就像一枚橄榄。在橄榄最细的一端，是一个小小的女孩儿，生长在血缘亲情中；在橄榄逐渐丰满的地方，是闺中密友；接着橄榄的最中间，是恋爱婚姻孩子，以及那些错杂的艳遇；然后，从中端往另一个细端，则回到女朋友和自己。那是像血缘一样不可替代的女朋友，在彼此的生命里，我们终于稳如磐石。"

在阐释"女友文化"时，邵燕君认为："在'嫁鸡随鸡，嫁狗随狗'的时代，所谓'闺中密友'仅是说说悄悄话而已。那时女人与女人的关系主要是竞争，而最后争得的不过是一件衣服的价格。今天不同了。海阔天空，鱼跃鸟飞。女人先有了自己，才有了知己。"不难看出，她说"女友如手足"，对应的是过去那些市井无赖和英雄好汉共同的"口头禅"，即所谓的"兄弟如手足，女人如衣服"。她因而赞同《纯棉女友》中所说的女友情谊是女人的"另一份婚姻"，是可以"彻底分享彼此的耻辱、无能和失败"的"避难所"，是"对方不需要随时背负在身上的一座真正的心灵和世俗的靠山"。

在阐释"女友文化"时，邵燕君还定义了什么是"聪明的女人"。她说："聪明的女人——不是那种天生的'小聪明'，而是阅历沧桑、懂得取舍的'大聪明'。因此，她们的人生收获颇丰，拥有幸福的婚姻、可爱的孩子、蓬勃的事业，还有可倚重的女友。她们的聪明之处在于，在为人妇、为人母之后，对于缔结于少女时的友情始终护守珍惜，并不时添油回灯，在人生各个可能的转折路口，重摆友情的筵席。女友是不可替代的。她们曾相互陪伴着渡过那么多人生的关口，有些关口甚至是丈夫都不能或者无力陪伴的。比如说恋爱，比如说生育。一个女人一生有多少次爱与被爱啊，丈夫陪伴的只是其中的一次，尽管可能是最重要的一次……有些事情本来以为是可以靠男人的，但到时候才发现，站在你身边的仍然是女人。"

近代中国为了避免落后挨打的局面，先驱者曾提出"师夷长技以制夷"。曾有一份研究报告表明，目前世界男女平等取得最好成就的地方，女性所拥有的权益是男性的68%。除了法律、制度、习俗、技术、物质等方面对女性的权益有所保障之外，女性该如何向男性学习呢？

我认为，邵燕君所说的"女友文化"对女性的幸福无疑有巨大价值，而且是女性自己随时可以去创造并拥有的。旧时代男人的口头禅"兄弟如手足"，表明的正是男人在家庭之外看重的社会支持系统。既然，今天的女性，其天地早已不只是家庭，为了在社会生活中立足，并且游刃有余，除了完成相应的学历教育，要建设的第一个支持系统，可否说正是"女友如手足"呢？这也是有几千年社会纵横经验的男性为女性提供的立等可取的经验。还没有这番明确意识的姐妹，应该是拿来就用起来，并且乐于和其他姐妹或者女性后辈分享经验。

李银河女士曾说："现在我们的人均 GDP 可能还在全世界六七十位，但是我们在男女平等方面的表现是第二十八位，相当不俗了吧。而这一切，最早就是秋瑾这样的人给我们开创的……秋瑾一生有几个特别好的女性朋友，她牺牲之后，她们把她的尸骨收殓起来，按她的遗嘱埋在西湖边上。"

女人的女朋友

"女人的女朋友"，不只是美国名校"应运而生"的课题，不只是学者邵燕君女士、李银河女士思考的问题，不只是我的《纯棉女友》曾经试图触摸的领域，也是资深出版人符红霞女士一直关心的一个议题。她说："大约是在十年前我主编一本女性杂志时做过这样一个专题：女人的女朋友。专题的篇幅总归有限，许多的思索还未展开、许多的故事才刚刚开头……直到遇到赵婕。我们交流不多，可就是有一种直觉，觉得她可以把这个题目写好。合同已经签了。我说，我有足够的耐心等你慢慢把它写好。"

这，也正是"女人的女朋友"之间的相通与默契吧。

在北京女作家画眉的一次女朋友聚会上，有人提议全体互相加微信。我与符红霞女士互相认识，我们坐在圆桌的直径两端，互相有一两次微笑致意。回家路上，同行一小段，彼此有短短的几句交谈。两年前，她从微信上提议我写一本书，关于"女人的女朋友"。这两年，恰逢我生命中发生一些重大变故，一任诸事荒芜。2017 年年底，她又约我见面细谈这个选题，她的一位年轻同事赵卫平也在场，当时又聊到"母亲"这个话题和一本"关于母亲"的书。

我了解并且赞赏漓江出版社"阅美文化"的出版理念。符红霞女士与她的同事们，正是这个品牌的创立者。同行称符红霞是"一个非常敬业的专业出版人，她对事业的高度执着使得漓江的女性读物迅速成长，令人惊异"。她还说过一些话，比如——

"出版的每一本书要对得起砍倒的每一棵树。"

"独立的女人不回避自己应该承担的责任。"

"一本书可能会改变一个女人的态度，进而改变一个家庭的生态，从而最终让社会更加和谐。"

"用美激励自己，用美改变生活。"

"慢养育。现代女性的多重角色让她们更加关注自身与孩子共同成长的重要性。不要因为家庭和孩子，而放弃了自我的成长。女性的生命本就是独一无二的，光彩照人的。关注孩子的人格养育，以及与孩子的良好互动，是新时代女性的新议题。"

人生的穿衣镜

有一个周末，我与符红霞女士在微信上说了一会儿话。当时，她正在家里看书稿，我们稍微讨论了一下我的书稿进度，以及近几年的写作计划。最后，她对我说："你用心写，我认真出。"

我不禁再次回想我的从"纯棉时代"进入"玫瑰岁月"的写作历程，其实这也是"女人的女朋友"的故事。这让我又一次回味女性之间互相成就事业和人生的美好。

自从"纯棉时代"在 2005 年出版，我就带上了一个标签，叫"纯棉作家"。我又想起人民文学出版社的陈阳春女士。她因为在网上看到一篇文章《春天开花，秋天结果》，根据作者署名顺藤摸瓜找到我的所有网络作品，下载打印看到大半夜。那些文字唤起了她的出版激情，她觉得，那些文字来自女性生活的真诚经验，可以帮助很多女性避免那些伤痕累累的情感弯路。可以说，"女性互助"，正是阳春当初出版"纯棉时代·感动"系列的初衷。当她找到我时，十分责怪我，与她曾经同住一个宿舍，竟没有让她知道我那些文字的存在。她说，如果她自己早五年看到那些文字，也许会更加幸福。而那五年，正是我们俩从北大毕业后，几乎毫无联系的五年。

《纯棉时代》出版后，因为阳春、人民文学出版社、媒体人士以及各位亲朋师友的支持，引起了一些反响。其中，卓越网一位我至今无缘认识的图书编辑（我相信她也是一位"女朋友"）写了一段推介给读者的话：

"这样一个有着简单爱情、充实婚姻、四海朋友的女子，生命的丰盈带给她的并不是一呼百应、万千在手的春风得意，她时时保持着另一个自我站在自己生命的边缘，轻轻打量着关于婚姻、爱情、友情这些人生极重要的组合……生命中那些程程相伴的女友们……我们都曾经历，而赵婕，让我们记住。"

是的，这段话中，最打动我的正是"生命中那些程程相伴的女友们"。在更年轻的时候，我感觉女友是生命中的华服。随着阅历的加深，我觉得，女友之间的互相凝视，就像我们的人生有了穿衣镜。在穿衣镜前，人生可以通过了解、修正、欣赏而自信。

为了玫瑰，也要给刺浇水

"人生"是一场无法重来的单程旅行，与朋友结伴而行的回忆，对于当事人，是一种纪念；对于他人，可以是——无聊时的消遣，照见自我的镜子，唤醒回忆的引子，某个瞬间的共鸣，人生样式或人际关系的参照……

在心系未来的回忆中，本书希望：关注"女孩的成长问题"，呈现女孩成长过程中"对女性意识的困惑与思考"；思考"女性、成长、自我实现、关系、情感、爱与自由、贡献"这些关键词；展现不同的女性人生样式；寻找"什么是女人，什么是合适的女性角色"这个问题的部分答案；发现能让女性"勇敢地面对世界，自由地活出自己"的一些方式；呈现女性互助的友情对于女性人生的价值；分享女性友情的悲欢，能给予慰藉、提供参照、激发信念，尤其希望有益于那些未来比回忆更多的人；希望有助于钟爱女孩的家人了解自己家庭中的女孩；希望也有助于乐意在"她世纪"升级自我的男性了解女性，协助两性之间的沟通、协作。

本书写的是女性朋友，并不表示没有男性朋友；本书结集的二十五篇文章中写到的女朋友，也只是我所有女朋友中的一部分。为了减轻读者的阅读负担，一些写好的篇章，我也暂时保留在电脑里。也许未来有机会与希望阅读更多的朋友继续分享。

本书主要写朋友们之间以真、以善、以美相待的细节，善于思辨的读者，一定懂得，朋友之间并没有理所当然或平白无故单方面的谁对谁好。

本书主要写友情美好的一面，善于思辨的读者，一定懂得，朋友之间，并非只有美好的一面。关于友情与人性，有些人身上难免发生《美国往事》那样沧桑、残酷的故事。正因为这样，我们更要善于发现或创造友情的美好，同时忍耐、宽容、理解、接纳美好的反面。就像《红楼梦》所说"好事多魔""美中不足"，就像谚语所说"为了玫瑰，也要给刺浇水"，就像任何人生都"向死而生"。

人，无辜地开始人生，无可逃避地坚持人生。有时候无助，有时候无聊，要朋友来占据、帮助、激励与启迪。与学习、工作、恩情、爱情、家庭、独自承受时都会留下有价值的回忆一样，朋友之间，除了疲倦、不快、误会、伤害等种种不能周全，留下来的那些美好，值得再次回忆。

最后，感谢所有给予过我帮助和启迪的亲朋师友，以及无缘面对面互道一声"朋友"的陌生人。

2018 年 9 月 26 日于西山林语

不同年龄结交的"忘年交"

美好的"忘年交"女朋友，让我热爱女性这个性别，让我热爱自己的所有年龄，让我热爱任何年龄阶段的女性。

童年和少年时代，我几乎没有同龄的同性朋友。那个时候的女朋友，都是"忘年交"。因为年龄小，又比同龄人成熟一些，那个时候的"忘年交"，都比我大，姐姐、阿姨、奶奶级别的都有。从这些女朋友身上，我得到帮助，感到温暖，觉察到性格与命运的模糊关联。

　　中学和大学时代，我的同性朋友几乎都是同龄人。这也符合青春年代的生活状态与心理特点。大学毕业后，在工作单位，与我往来密切的同性朋友，多是"忘年交"，她们至少比我大五岁。那是人生随时会转弯的岁月。从这些女朋友身上，我切近地看到女性的某些生活面相，包括"五年后的自己"，并去探索另外的可能性。

　　后来，又与我不同辈的女士成为"忘年交"。仅从年龄上，她们或是我的长辈，或是我的晚辈。这是从恩情里生长出来的女性情谊，是长时间有事往来或日常相处自然滋生的女性温情。从这些女朋友身上，我得到帮助，感到温暖，看到生气勃勃的聪明美丽。

　　美好的"忘年交"女朋友，让我热爱女性这个性别，让我热爱自己的所有年龄，让我热爱任何年龄阶段的女性。

孤胆

比我大几岁的女朋友王木兰，以一种极端的、冒险的方式探索自己的命运之路。尽管童年时代的友情大多适可而止，但王木兰不屈服于生活境遇的勇气，以及敢于行动的意志，永远被我铭记。

1

有了"雄安新区"，我才知道河北雄县。雄县紧邻的白沟，我是二十世纪八十年代知道的（那个时候，还没有人说"南有义乌，北有白沟"）。

高一寒假，我从县城回到雪坡，听说同村的王木兰被人贩子拐走，卖到北方一个叫白沟的地方。"白沟"两个字就像火塘里的老木疙瘩在旺火里烧爆，蹦出一块火炭，把我的新衣服烧了一个洞一样，这个地名就此铭刻在心。

王木兰是我童年时代很熟悉的一个朋友。我不相信她会被拐骗。

王木兰比我大五岁左右。她的父亲是远近闻名的石匠，最会雕刻守墓的石头狮子，外号"狮子王"。王木兰的样子，仿佛就是她父亲从一块红褐色玉质石头里雕刻打磨出来的。她身材高大，曲线分明；她的面庞轮廓清晰，分布着深刻的双眼、醒目的眉毛、陡峭的鼻梁和坚毅的唇齿。她一向胸有成竹，见怪不惊。邻居家调皮的小男孩见她胸前高耸，跳起来抓她一把，她在井边挑水时遇到小男孩的母亲，和她寒暄一阵子，中间笑着说："你那个儿子会捣蛋，把我当苞谷来掰。"小男孩的母亲说："不懂事的小娃儿才敢逗你。"

王木兰是家中七姐妹中的七妹。她母亲是童养媳，十五岁生了大女儿，常受公婆和丈夫虐待，每隔几年怀胎，断断续续生到快五十岁，生下第七个女儿，还不是儿子，人就有些半疯，对丈夫说："我这个女儿，是天上的七仙女下凡，你再要打我，不给我饭吃，这个仙女就要给我报仇。"

七妹出生那天夜里，死了一个女人和两头牛。同村的刘家，用小女儿给大儿子换来的媳妇，不能生孩子，挨打挨骂挨饿，两年前疯癫后，不论冬夏，赤裸下半身在村子里乱跑。过年前，半夜点燃牲口棚，把自己烧死，与她同死的还有一头刚出生的小母牛和分娩的老母牛。村中好事者揣测，刘家媳妇住在牛棚里，听见母牛有动静，点灯查看惹了祸。

七妹的父亲给她取名王二菱，回避那个"七"，说那是"犯七煞"。据说，王木兰的二姐小时候上山砍柴，滑到山坡下的水库里淹死后，"狮子王"很生气，说她"死得好"。从这个名字里，细心的人才觉察，"狮子王"在二十年里，都没有忘记他夭折的女儿。

七妹上小学时，老师给她改名为王木兰。王木兰很聪明。她告诉我女孩子的秘密，比如，身体出血的时候，女孩不能坐在野外的石头上，不能靠在树上；否则，妖怪或者树精，会变成男人，循着血迹找到那个女孩，把那个女孩缠住，把她缠死。我说："割草时，我割破过手指，把血洒在草叶上；在田里捉虫时，蚂蟥把我的小腿叮破，我的血流在稻田里；剁猪草时，我砍掉过指尖，把血弄在猪草上……"

王木兰说："并不是那些血。黑玉，你还不懂。女人身上有一种血是为男人流的，为孩子流的。男人和孩子不需要时，女人身上那种血就会干。那些劳动受伤的血，是为自己流的；为自己流的血，不怕妖怪和树精。"

2

王木兰做饭时，我有空就去找她玩。她家厨房很大，连着很大的猪圈。一桶一桶给猪喂食的时候，容易把汤水洒出来。她家厨房门槛很高，挑水到厨房，水也容易洒出来。那厨房十分潮湿。在昏暗的光线和烧饭的柴烟里，地板、墙壁、屋顶、家具更加油、黑、脏，让人忘不了旁边的猪圈和粪池。猪圈里总有十几头猪，卖掉或者杀掉之后，又有新的猪添补进去。

王木兰说："这些猪，总是吃不饱，不说荆棘，就是铁钉子也能吞下去。"我替王木兰拉风箱，添柴，帮她把漆黑的大铁锅下面的灶火烧亮。那呼呼的风箱，似乎能帮助王木兰和我击退那猪的喧嚣；那熊熊火焰，似乎能铺排一片洁净。有时候，那些半干的柴草燃烧不畅快，烟雾缭绕，王木兰就把手伸到灶孔里不断拨弄。荆棘扎破手，烟熏得流泪。她笑着，说："这些柴草里有妖精，不想被烧死。"

我至今记得，她的笑容总是一个样子。大牯牛刚被她拉出牛圈，就把牛粪拉在她的绣花鞋上，她望着冬天冒烟的牛粪也是那样笑。她的笑容，像睡莲依偎着水一样顺从，像麦穗从麦秆里挺出来一样坚定。

我母亲去父亲单位时，王木兰会带着邻居女孩来与我同住。我困得不想说话了，她们还在嘀嘀咕咕，商量着这一辈子怎样才能过上好一些的生活。

王木兰常常背着大捆大捆的木柴，从雪坡的小径往坡下一寸一寸移动脚步。我母亲头胎怀着我时，曾从那个地方背着木柴摔下斜坡，七个月的我早产来到人间。木柴太沉重，王木兰的目光专注于脚尖，那目光把她的头和脚连在一起，把她拉成一把弓。我跟她打招呼，她没有多余的力气出声，侧脸上簇起笑容回应我。

那侧脸上簇起的笑容，是她留给我的最后一个纪念。

童年时代的友情大多适可而止。

小学毕业后，我到瓦全镇去读初中，寒暑假才回到雪坡。我的脚下，似乎有一条路在延伸，通向未知的远方。我与雪坡，不断在巩固一种新的背对背的关系。我的背影看不见雪坡的眼神，也没有听见王木兰暗中与命运交谈的声音。当我听见王木兰的消息时，就听见"白沟"这个地名。

3

"王木兰被人贩子拐走"的第七年，四月的一天，王木兰的母亲去赶集却一去不返，没有再回雪坡。七月，我大学毕业，去工作单位报到前回雪坡听说了这件没头没脑的事。王家只剩下"狮子王"一个人，他性情孤僻暴躁，有好事者去打听王老太太的下落，"狮子王"总不开口。

工作半年后，春节，我回到雪坡。在村口，碰见王木兰的母亲。她喜气洋洋地与我打招呼，仿佛换了一个人，穿着样子特别的新衣服。回到家，母亲告诉我，前段时间，王木兰回来了，带着两个儿女探亲，把王老太太送回雪坡，给村里的长辈和孩子都送了礼。母亲说："王木兰还问起你。她说恐怕只有你不相信她被人贩子拐卖的事。"

"那她究竟是怎么一回事？"

母亲说："那个女子也是吃了豹子胆。万一那一步有闪失，你说咋个办……"

我去看望王木兰的母亲。她把王木兰当年的事给我讲了一遍，与我母亲的叙述大同小异。讲完，她就慈祥地看着我，并不像我母亲那样发感叹。她身上那种逆来顺受的温驯、我母亲的谨慎、王木兰的强悍，都会触动我。

七年前的冬天，王木兰陪母亲去瓦全镇赶集，通过一个媒婆，找到一个人贩子，"一手交钱一手交货"把自己卖了。她把卖身钱塞在母亲的棉鞋里，对母亲说："妈，你自己回家，别弄丢了钱，藏着自己用，老爹打死你，你也不要说我去了哪里。过些年，我就回来接你去过好日子。"

王木兰的母亲守口如瓶。"王木兰被人贩子卖到北方的白沟"这个消息，是从瓦全镇集市慢慢传出来的。

4

王木兰出卖自己是在人贩子猖獗的二十世纪八十年代，距离1992年中国取消粮票，人口开始可以自由流动、可以到处打工找机会，还有好几年。当时，一个没有"远方"亲戚的农村女孩子，要与"远方"发生关系，只有读书一条路。生命的半径是那样小，如果不读书，嫁人也不会太远。带着罪恶的人贩子，成了王木兰扩展生命半径的"媒人"，成了她偶然得到的一根稻草，成了她的赌局。

粗暴怪癖的父亲，软弱的母亲，夭折的姐姐，都被她留在身后。她走出雪坡，没有成为中国的苔丝，过上了北方普通农妇的生活，比以辛苦出名的四川农妇好一些。她勇敢到鲁莽，出卖自己，独自走向远方。高风险低回报。总算有回报。我想起她一次，就为她庆幸一次。

我那一辈雪坡村姑中，在青年时期就离开雪坡到远方的人，第一个是王木兰，第二个是我堂妹，第三个是我。我们都落脚在华北平原。二十世纪八十年代后期，王木兰二十岁时把自己"卖"到河北给人当媳妇；九十年代初期，堂妹十五岁辍学到北京打工，通过婚姻介绍所相亲，认识一个北京小伙子结了婚；九十年代中后期，我读研究生，毕业后留在北京工作，从此北京成了我的第二故乡。

我的故乡雪坡是祖母的第二故乡。民国时期，四川等地广种鸦片，男人吸食鸦片成风，流传一句话"要吃巴山饭，婆娘打前站"。祖母因丈夫吸鸦片败了家，悄悄逃难到雪坡的大地主家做帮佣，在那里立足后，接去丈夫公婆小叔子，在雪坡扎了根。我的父亲出生在雪坡。堂妹和我，是我家仅有的两个女儿，也像祖母一样背井离乡。

为了生计和梦想，我们不断远走他乡。

我和王木兰，不知是否还会重逢。不过，她已经把永久的纪念留给我，那是少年时代她留在我脸上的印记。小小年纪的她，一向好奇胆大，听说废旧电池里面有一种物质可以去痣，就热情地在她自己脸上和村童脸上寻找依稀的黑痣，要替大家去除。大家并不领情。只有我把自己的脸拿给她当试验田。我已经忘记自己当时是因为同样的好奇胆大，还是因为天性里的温驯偶然显现，我的脸被"烧"出几个小坑。

在我儿童时代瘦削的脸颊上，那是很明显的几个小坑，像暴雨最初的雨点在灰尘里击打出来的印痕那样醒目。数十年过去，随着年岁增长，这几个小坑才逐渐混迹在皱纹、色斑中，又被适度的"圆满"所掩盖。仿佛我已经可以从童年转身，不必再留心王木兰的鲁莽与自己的无知。我与雪坡的关系，在数十年的背对背之后，也被另一种新的面对面的关系所取代，我的父兄已经埋葬在那里，与祖父母和曾祖母的坟墓依偎在同一个墓园里。清明节，不一定能去扫墓；他们的忌日，不一定能回到那里。那日夜不停息的一种新的关系已经形成，灵魂的翅膀，时时飘飞在那片土地之上。就像童年时代，即使睡着的时候，我的身体也通过床脚与雪坡的大地连为一体。

我对朋友说起过王木兰的故事。提到其名字的由来时，那位朋友插话，讲起紫微斗数中十四颗主星里的"七煞星"。她说，那个女子，果然是"七煞"，理智、威勇，善运筹、有决断，敢于冒险、不怕犯难，幸得结局尚可，不枉她一副孤胆。

2018 年 8 月 18 日

赞美

有一位"忘年交"女友的名字叫吴赞美。她帮助我减轻童年的苦役，让我体会到女性身上的温柔与体贴，正是人间必不可少的慰藉。

1

童年时代，暗中，我有个最好的女友。尽管，在别人眼里，在我当时的概念里，从未以"朋友"命名过我们的关系。我称呼她舅婆婆，后来与北方的朋友谈起她时称呼她舅祖母。

我并未见过祖母同辈的娘家血亲。祖母独自逃荒到雪坡，站稳脚跟之后，雪坡又来了一些逃荒的人，其中一个孤儿，因与祖母都姓李，就按照辈分拜认祖母为姐姐。这位舅祖成年后，从瓦全镇的玉碎村娶回一个身材娇小、性情温柔的妻子，叫吴赞美，就是我的舅祖母。

两家人就在雪坡毗邻而居，既是远亲又是近邻，彼此互帮互助。

舅祖母常在我家出入，算得上我的"代母亲"。

如果"母亲"这个角色里也包含一年四季，那么母亲给我的感觉是冬夏，舅祖母是春秋，或者是寒冬里一个温暖的火盆，酷暑中一个阴凉的草亭。在"能干到天上"的母亲面前，我煮不成一碗白米粥；在温柔的舅祖母面前，我能做出满桌子菜招待帮我家收割粮食的乡邻。后来，我常常意识到自己身上至少有两种状态，一种是拘谨的害怕的，一种是大方的自信的。如果要牵强地寻根，前者是我与母亲相处时的样子，后者是我与舅祖母和父亲相处时的样子。

舅祖母给我的不只是这些看似很"虚"的精神情感状态的影响，她还帮助我卸下很多现实的童年重担。这一生，我最初最想报答的人，除了父母，就是舅祖母。我内心的火苗，是三根火柴点亮的。

划亮母亲那根火柴，根子上，是想照亮自己，让母亲看见我的价值，告诉她：尽管她爱我是无疑的，但也不必那样暴躁、苛刻地对待我。尽管我也理解，生活太艰辛，母亲也是无辜的。但是，母女之间，在意识里的一场不自觉的决斗，非常辛苦。这场爱恨交加的决斗，到父亲去世两年后才结束。尽管时间漫长，我还是十分欣慰，母亲和我都"等"到了这一天。我们终于在严酷的人生里，以更温暖的方式彼此相待。

划亮父亲那根火柴，根子上，是想在暗处点亮一盏灯，或者成为一条通往远方的路，一架伸向高处的梯子，能够像父亲那样帮助别人，成全别人，以及赢得父亲身上那种"平易近人的资格"。

划亮舅祖母那根火柴，根子上，是想成为一个和煦如春的人，一个宁静如秋的人，一个习惯赞美的人。

舅祖母自己的生活，像春天的大地，十分寒凉，甚至在一些角落里还挂着冰霜，但她照样在寒凉里开花吐翠。舅祖母的人生，最丰盛的时候，也是一个歉收的秋天，但她的安详仿佛因果实落空而更加盛大。她给我的情感和精神慰藉，在我只有有限的母语词汇的幼小时，无法言说；如今，即使我有足够的母语词汇，似乎还是言说不尽。**我像一块土地，舅祖母年复一年在地里随手撒播同样的种子，以无言和有言，直到这块地不能生长其他东西，除了"赞美"这一种植物。**

舅祖母的生命里，只有"赞美"这一样种子。她没有选择，只能是有什么就种什么。舅祖母的"赞美"装在两只罐子里，一只罐子是只做不说，一只罐子是边看边说。

2

我与舅祖母相处最密的时间是小学毕业前。

上小学之前，我没有上过幼儿园和学前班，但我当过好几年"幼儿园园长"，我隐约记得是从五岁前后开始上任，到十二岁，初中住校时，终于卸任，只是寒暑假代班。

其间，我还兼任"养老院护士"，护理卧病在床的祖母，直到十岁那年，祖母去世，我在葬礼上大哭卸任；我同时兼任的还有"动物园饲养员"，猪牛猫狗鸡鸭都喂养过；我长期担任炊事员助理、洗碗工、洗衣工、缝补工、家庭环卫工、睡前查房工、晨起点火工；我临时担任农忙短工、砍柴工、挑水工、亲朋往来接待员……所有工种都在"严师出高徒"的母亲手中接受培训后上岗，并在力不胜任犯错的严惩中提高技能，很少奖励，报酬是成长和成长的创伤。

我从未怀疑我的父母都是善良、勤劳、孝顺、舍己忘我之人。迫不得已的客观处境和母亲过于好强的主观意志，才把她自己和我都"逼上梁山"。后来，除了非常感谢她，我已经彻底理解她，十分同情她，也在很多地方欣赏她。

童年时代，忙于劳作，又充满对母亲的恐惧和对父亲的想念。

仿佛生下来，命运就是一场病，不能讳疾忌医，无论多苦的药，都要喝下去。父母亲，要把上辈传下来的人生负数变得小一些，甚至倾其所有，帮孩子把人生的起点变为零。这是所有要强的中国底层平民家庭中父母和子女的道路。

与母亲一起劳作的记忆，是凌晨三四点起床，在初冬的寒气中，坐在院子里高高的长凳上，母亲切红薯，我把红薯片往背篓里装。长凳上的大簸箕里，母亲眼快手快刀快，剥剥剥，剥剥剥……一会儿薯片就堆成小山，我小人小手，跟不上她的节奏。偶尔因为困，我还打盹儿摔到石头地板上，一下惊醒爬起来，因怕母亲骂，也无法觉察疼痛，立刻就去装薯片。

天不亮，几个来回，我们就把薯片背到晒坝上，等朝阳升起。邻居家里辛苦种收的粮食，有些烂掉，有些生霉；在我母亲这里，这种事几乎不会有，我家猪吃的薯片，都是晒得又红又亮的。长大后，从母亲的闲谈中，我才知道，陪她切薯片的我，那时候不过四五岁。

我做"幼儿园园长"，也就是帮助母亲带弟弟的年龄，最迟也就四五岁。

我的幼儿园，招收的第一个学员是两岁左右的大弟弟，接下来是二弟和小弟。我们姐弟四人依次间隔两岁。

做过母亲的人容易说，"恨不得把孩子塞回肚子里去"，因为一个小孩，除非他睡着，甚至他睡着，也需要人照看。任何一个小孩，都是照看者的"监狱"。在"监狱"里，犯人没有自由，也许可以打盹儿，照看小孩的人，不仅失去了自由，打盹儿也是容易失职的。装薯片打盹儿，最多从凳子上摔下去，照看小孩打盹儿，也许会闹出人命来。所以，我的童年，常常感到腿脚上绑了三个大小不一的"小铅人"，"拖"得我迈不开步。他们犯了错，母亲也要让我和他们跪在一起，还要先打我。

忘记是几岁时候，老电影《孙悟空三打白骨精》到邻村播放，我很想去看。此前，听过村里的"老地主"讲过孙悟空的故事，很神往。那天，刚好母亲去父亲单位了，我才有希望去看那个电影。但想了很多办法，也甩不掉腿上的"小铅人"，其实也担心，即使甩掉他们，也不知他们在家会惹什么祸，也许后患无穷。只好背着拉着一起，翻山越岭去邻镇的露天电影场。一会儿，"小铅人"就困了，我只好抱着他看。小时候，我很瘦弱，已经劳累了一天，又没有座位，抱着"小铅人"看完电影，还要背着他翻山越岭回家。幸好有乡亲帮助我。

当时，多么希望自己有孙悟空的法力，把"小铅人"变成一根针。又觉得，自己与孙悟空同病相怜，他无法摆脱如来佛的掌心，我无法摆脱母亲的掌心。

上小学是天堂打开的一条门缝。尽管，各个工种的岗位依然不变，上学时除了书包，有时候还要背一个背篓，在放学路上割牛草猪草，但是，我在自己课堂上的时间，是无须对"小铅人"负责的。

到小学毕业，我十二岁，考的是镇上的重点初中，住校后，可以整学期摆脱"小铅人"和所有工种的劳作。寒暑假重新"代班"则轻松很多，至少有开学可以盼望。

3

就是在这样的童年境遇里，舅祖母像天使一样出现在我的生活中。

母亲去单位探访父亲，或者去看望外公外婆，或者有别的事情离开家，舅祖母就会住到我家帮忙。母亲一走，我头上的炸雷消失了；舅祖母一来，只是负责家庭暂时运转，并不需要像母亲那样一环扣一环安排全年家计，要把一切做到顶尖好。我手中的活计就被舅祖母全部接过去，她连给一根针穿线的活都不让我做，我终于可以大大方方当几天"小孩"了。母亲曾在背后说，舅祖母是个老好人，只是老好过分，就像我爸爸，什么都舍不得孩子动手，总是包办，一是不能兴家，二是那样娇惯出来的孩子，将来自己也不能兴家，还说"慈母败儿败三代"。不过，我却非常喜欢爸爸那样的慈父和舅祖母那样的"慈母"。在母亲手里，我就像被旺火烧干的铁锅，早已经冒烟。舅祖母就像一瓢水，能够让我免于被烧穿。

在母亲身边，我觉得日子大多是可诅咒的，从早上睁眼到晚上闭眼，都是没完没了的苦活累活脏活。有时候，小便才一半，母亲催骂声一起，我就吓得立即提起裤子，出现在她面前等她吩咐；有时候洗澡才洗到一半，母亲一喊，我就带着肥皂水穿衣服，第一时间跑到母亲跟前；冬天刮着寒风，无法举灯，到处一片漆黑，母亲让我给婶婶家送一碗热菜，我只好忍着害怕和寒冷，穿过院子送过去，额头碰在墙角，受了伤，回到厨房还要挨骂；每天太多例行的雷打不动的事情重复劳作，让我后来终身厌恶持续不间断做同样的事情……

在舅祖母身边，我觉得日子是可赞美的。仿佛从噩梦里醒来，被她稳稳地搂在怀里。舅祖母用她的双手，以她的全部身心替我赞美日子，赞美童年，赞美弱小、恐惧和贫穷有喘息之机，赞美女性的守雌与温柔。

在舅祖母身边，我没有惊慌失措，没有迫不得已。我愉快地主动地陪她一起做家务。

在我十岁前后，有一天家里来了七八个人帮忙收割稻子，母亲正在父亲身边看病，我自告奋勇要替舅祖母主持招待这些客人。舅祖母竟然同意了。

那天，我做每一样事情，舅祖母都像自己在绣花那样，仔细认真地看着，她的唇齿仿佛不断在穿针引线，吐出一句接一句赞美我的话。我信心十足，兴致勃勃。

到了客人收工回来坐在桌子上，一向言语不多的舅祖母，向客人隆重介绍，那满桌子菜是我一个人做的，并不说自己还给我帮了忙。客人吃得非常满意，到处传扬我的能干懂事。母亲回来也十分满意。那件事，是我童年岁月的一个华章。

早些年，舅祖母还健在的时候，每当忆及当时的感受，我就会独自微笑；后来，舅祖母过世后，再想起当年情形，我就忍不住独自难过。

也是因为那天，舅祖母不断夸赞我，我才意识到，舅祖母向来不说伤人的话，与我的所有交谈，她都只有赞美。

她赞美大猪胃口好，小猪活泼，老牛踏实……

她赞美那只鸡总会把蛋生在窝里，赞美屋后竹林里的蛇没有毒，咬了人也不致命……

她赞美我家门口的水井距离厨房的水缸很近，我小小年龄挑水不那么辛苦……

她赞美我母亲为人实在慷慨，赞美她能够与老天商量，总是能赶在天气的点子上安排农活与家务……

舅祖母又说："你妈孝敬老人，会管孩子，爱给邻里帮忙，里外一把手，有人十双手也赶不上你妈一双手，她脾气是急了一些，你要理解她，她比谁都苦，你家的好日子，不光是靠你爸爸，更是靠你妈妈。你妈不苦，你们家四个孩子哪里都能去上学？"我说："舅婆婆，你怎么和我爸爸说的话一模一样呢？"舅祖母说："看着你苦，我以前就想劝慰你，不知怎么劝，这些话，还是你爸爸和我说闲话时说的，我看他说得实在，就记住了。"

4

从小到大，我有过很多愿望。读初中时，我想把舅祖母接到瓦全镇游玩一次。这个愿望实现了。读高中时，我到了县城，一个愿望是把舅祖母接到那里看看转转，吃吃喝喝。后来到了北京，我又有一个愿望是把舅祖母接到北京，至少让她远行一次，让她知道世界除了雪坡、玉碎村和瓦全镇之外，还很大。也让她知道我的生活，让她忘记我小时候吃的苦，并与我一起品尝我后来生活里的糖霜。

遗憾的故事千篇一律。像我这样起于低处的人，要克服先天和后天很多自身的困境，到达一个目的地，其过程往往十分曲折。一路前行中我们一直装在心里的人，仿佛尤其了然我们表面顺利背后的艰难，越是爱我们的人，靠我们的心越近，对我们的心就越了然于他们的心。这样的人，舅祖母就是其中之一。仿佛是怕我的心受累太久，她不再等我，等我准备好一切，收拾停当后去迎接她。

在她大女儿难产去世后，舅祖母也离开了人间。

回到故乡，母亲陪我去祭奠舅祖母。她那座小小的土坟就在自家院子边上。

祭奠之后，在舅祖母家吃了饭，与她的亲人们说起他们的生活。那个家，已经兴旺起来了。舅祖母的儿子娶了一个能干善良的妻子，和我母亲一样，只是有些性子急。

好说歹说，母亲同意随着包车离开雪坡，让我自己从山路步行回到瓦全镇。

回去的路上，我绕行到玉碎村，去看一眼舅祖母娘家宽敞连绵的老屋。那老屋十分破败，几成废墟，早已无人居住。我想象，如果那老屋还住着一个兴旺的家庭，屋后的家族墓园还有人定期打理，舅祖母是否愿意回到她的血亲们身边？从她温良的性情，从她的名字看，她一生略微幸福的时光应该是在童年和少女时代。她当时嫁给舅祖父那样一个异乡漂泊而来的孤儿，一定有什么隐情，有太不容易的地方。当年我有机会时，竟不懂得去关切，在这方面与舅祖母连略微的交谈都没有……

人生中，有多少与爱者相关的事情，令人追悔莫及啊！我在那人迹稀少的山村，慢慢行走。想起冯至先生那篇《山村的墓碣》中几首墓志铭，"我生于波登湖畔，我死于肚子痛""我是一个乡村教员，鞭打了一辈子学童""一个过路人，不知为什么，走到这里就死了。一切过路人，从这里经过，请给他做个祈祷"。

如果舅祖母能回归家族墓园，如果我为她写一首墓志铭，我是否可以这样写："我生于玉碎村，嫁到雪坡做农妇。我是一个母亲，一辈子为儿女受苦，最后死于心碎。一切过路者，无论你是神仙鬼怪还是人物，无论你是老人还是孩童，是男人还是女人，无论是得意的还是失意的，有些艰辛概莫能免，无论如何，请你多多赞美。我，叫吴赞美。"

2018 年 4 月 11 日

嫉妒

嫉妒，是人类诉求平等的本能射出的一支暗箭。这支暗箭最先射中的是嫉妒者的胸膛，让其自身痛苦。当嫉妒者的胸膛不够宽厚时，穿胸而过的暗箭就变成一支毒箭，最终射向被嫉妒者。我曾被这支毒箭射中，不能拔出它。当我遇见一位表婶，她成了我的"忘年交"女朋友，使我从创伤中复原。

1

在我有很多朋友之前，遭遇的是友情的反面，是孤立。

上小学第一天，班主任老师告诉我们，学校附近只有一个露天厕所，是老乡家猪圈后面的粪池，女同学至少要两个人结伴前去，轮流望风。

几天后，愿意与我一起去厕所的女生只有小巷子一个人。回来的路上，小巷子对我说，她也不能再陪我。

我问她为什么，她拉着我钻进附近的苎麻地里，说："黄菊花不高兴老师那么喜欢你，你去她家等她上学时，她就在发动女同学孤立你。她说你讨好她也没有用。"

讨好她？

有一天上学路过黄菊花家，她母亲和我打招呼，说黄菊花还在家。我就去等她一起走。她在厨房一口巨大的铁锅前忙碌，锅里正在煮给猪吃的苜蓿叶。这种工作我十分熟悉，我和她一样也是家中长女，这样的工作不是母亲做，就是长女做。开学最初几天，工作还没有交接到母亲手里时，也有邻居女孩站在我家的大铁锅前等着我一起上学。同学来我家等我时，我会请她坐着等我，我会加快速度忙完，赶紧与同学一起走。黄菊花不一样，她从容不迫，目中无人，按照原来的节奏干活，任由我站在灶边等她。等她忙完，我们又默默无语一起去学校。当时，我以为那只是她一般的待人接物方式，那种方式让我感到不太舒服。听了小巷子的话，才知道，她以为我害怕，前去讨好她，就故意高傲地对待我。

"小巷子，老师也很喜欢你，为什么她不孤立你？"

小巷子说："你作业本上没有错，上课回答问题老师总表扬你，老师只说你将来能上大学。黄菊花说你爸爸手里有权，老师最喜欢的是你。"

我又问："那你为什么不能和我一起上厕所？"

小巷子说："黄菊花找过我，我再陪你，她也要孤立我。"

我说："她孤立你，不是还有我吗？"

"你哪天生病不来上学，我一个人没法上厕所。黄菊花还说，你会到公社中心小学读书，住在你爸爸身边。黄菊花说，她原来就住在她爸爸身边读小学一年级，她爸爸在城里糖厂工作。"小巷子压低声音继续说，"你不要告诉别人，黄菊花爸爸犯了错，抓起来了。黄菊花只好从城里回到乡下，来留级和我们读一年级。"

2

我不想连累小巷子，让她先走出苎麻地回到那些女同学中间。

那是午后时分，来自蓝天白云间的秋阳，从苎麻顶端密集的绿叶缝隙照进油润的紫黑土地，那绿叶背面被照亮的样子，引我凝视。

我想："我的爸爸那么爱我。他温和又高大。在雪坡，除了祖母、母亲和弟弟们给我添些家务和照顾的麻烦，从来没有别人欺负我。老师要喜欢我，我也没有办法。我不能为了黄菊花高兴就变得让老师不喜欢我。爸爸说过，我很会想办法。我只是要解决一个人上露天厕所的问题。"

我想到的第一个办法是等上课钟声响过之后，同学们都涌向教室时，自己飞快跑去厕所。这是个好办法。我用了半个学期。有一天，我稍微晚了一步，埋头跑得太快，跑到厕所近前，才发现一位男老师蹲在那里。我转身飞跑，一边跑一边祈愿他没有看见我。

我又想了第二个办法：去和老乡沟通。有位表婶的家离我们学

38 / 女人的女朋友

校很近，我请求那位表婶允许我到她家猪圈里去上厕所。她说不能，有老师找过她，她都没有同意。我问为什么，她说："学校都是男老师，男人随便哪里都能上厕所。再说，猪会受惊，有时候会咬人，惹麻烦。"我说我从小就帮母亲喂猪，猪从不咬我。碰巧，那天我上学时背着背篓割猪草，我把藏在苎麻地里的猪草背篓背过去，让表婶看见绿油油的猪草。我说，我上厕所很快，我给每头猪喂几把猪草，趁它们吃草，我就上完厕所了。表婶把猪圈的钥匙交给我一把，还允许我把背篓寄存在她家猪圈里。

表婶家的猪圈太脏。在我家，母亲从小就督促我每天打扫猪圈牛圈，打扫家中所有房间和院子，扫院子的时候还让我把婶婶家那一半也扫一扫。我跑去找表婶，说要帮她打扫一下猪圈，不白用她的厕所。表婶笑着把清洁工具给了我，赞许地说了一句"你看你这个妹儿"。从那天开始，到小学毕业，那处猪圈留给我不少甘苦夹杂的回忆。

每到寒假之后开学，再也看不到那些从猪圈里被拉出去杀掉的肥猪，回想它们摇尾点头愉快吞吃猪草的样子，想起它们不同的皮毛和脾气，我难过一小会儿之后，又会独自微笑。猪圈里新添的小猪，又让我体会到从陌生到熟悉的愉快。那位寡居的表婶对我很好，还给我好吃的。她说看我替她喂猪、给她把猪圈打扫得干干净净，感到过意不去。

如今，那位表婶已经作古，我还十分怀念她。我喜欢她与我之间的默契。初次与她交涉使用猪圈上厕所，她并没有问我为什么，让我无须撒谎，也避免了说真话的尴尬。接下来的日子，在互惠互利中，她给了我最实际的帮助。儿童生活中的不如意并不一定如其年龄那般幼小。我童年的被孤立，她都有见证，却能把自己放在恰当的位置，替我保守秘密，绝不像一般藏不住话的人。在我父母、老师或者村人面前，她没有一言半语出卖我的处境。

尤其是我心爱的爸爸，直到他离别人间都不知道我童年这个长久的秘密。尽管，对于一个孩子，那是一件艰难的事，但那并不是一件真正伤害我的事情，那只是一件我可以自己想办法的事。从中，我也得到很好的人世练习。爸爸的人生也是那么不容易，我何至于忍心让他替我承受太多，或者让他为一件不值一提的小事出面保护我，有损他的精力。**我感念那位表婶，她不仅让我免于被同龄人的嫉妒真正伤害，还在无意中成全了我对爸爸的爱。**

至于黄菊花的嫉妒，不过是一个试炼。在这个过程中，让我见证了自己对爸爸的爱，以及这种爱的力量，让我在自己身上发现信心和有益的行动。当我承受孤独和无助时，一想到，只要爸爸知道，就一定会保护我帮助我时，我就感到已经不需要爸爸出面，而是要把一种自我承担的自豪暗中奉献给他。

2018 年 3 月 9 日

日记

　　栀子姐姐又急又狠，突然一个巴掌扇在白之玉哥哥脸上……栀子姐姐凭着她的善良、仗义和敏捷，保住了我的日记和青春期的秘密，避免了我与母亲之间关系极度恶化的可能。她让我明白：有时候我们当机立断地行动，以一个敏捷的小小的行动避免掉一件坏事，也许避免的是十件连锁的坏事。挽救、向好、成全，是值得人追求的行为。

1

　　栀子姐姐是我父亲的干女儿，比我大好几岁。她是自己家中的长女，常常为父母和弟妹操心犯愁。她乐观开朗，笑声震天响，说话响亮像当街碎瓦罐，有时候，当她走过平和场的小街，就像有人举着一串挂在竹竿尽头的鞭炮点燃后随着脚步噼里啪啦响一路。一听到她的动静，我就会从父亲办公楼的院子里跑出去迎接她。当她为不顺心的事情重重地叹气，我就觉得随着那叹气声，她的心里仿佛瞬间结出又大又硬的石头般的果子，就想替她捧住那些沉甸甸的石头般的忧愁，让她的心能够像她夏日鲜艳的衣裙那样轻轻飘扬。

白之玉哥哥是平和场乡中心学校的语文老师，样子温和斯文，少言少语。我喜欢去他家，仿佛那里是一片森林，栀子姐姐是动物，白之玉哥哥是植物，那儿有一种生气勃勃的热情的安宁。那个时候，他们还没有孩子。有时候，另外一些大姐姐也去他们家聊天，低声说一些诡秘的话，又放肆地大笑成一团。有一次，别人走后，栀子姐姐对我说："夫妻之间，要身心相爱。妹妹，你看我文化不够，事业不行，幸好我对婚姻很满意，在别人看不到的地方是最满意的，我有那么多烦心事，还能笑个不停，就是因为有你白之玉哥哥。"

那段时间，我正在读初二，喜欢写日记。在爸爸单位，我们只有一个临时的家。尽管爸爸是那些同事中住房最宽敞的，有三间房子。但是，那也是爸爸的办公场所，中间最大的一间房，有时候也是爸爸召集同事开小会的地方，接待来访群众的地方。那个临时的家里，除了床、书桌、碗柜、锅灶、凳子，再没有更多家具。母亲有空会从雪坡的家中来团聚。母亲像个侦探，明察秋毫。我的日记本藏在家中任何地方，都可能被她翻到。即使买个小柜子锁起来，她也可能不经我同意撬开我的锁。一旦我出差错，还会给爸爸添乱，母亲能够顺理成章地责备他。

怎么办？

我对栀子姐姐说了我的烦恼。姐姐说："我家里有个抽屉可以上锁，等妈来的时候，你可以把日记本存在那儿。"

半年过去，平安无事。

2

有一天，我正在上课，栀子姐姐到教室门口，给老师示意，要找我出去一下。我出了教室，见到姐姐还在大口喘气，她对我说："妹妹，快把抽屉的钥匙给我，我要转移你的日记本，妈知道了，要来撬锁。就怪那个白之玉多事。回头和你细说。你去上课，放心，我会处理好。我得马上回去，赶在妈妈的前头。"

姐姐矫健地往回跑，我也跟在她后面跑。我远远看见她进了家门。过了一会儿，我看见母亲也进了她家门。我相信姐姐一定敏捷地把日记本藏在了可靠之处，就放心地跑回教室上课去。

傍晚放学，我去找姐姐。姐姐买菜去了。之玉哥哥在备课，抬头和我打招呼时，我看到他一半脸有些红肿，嘴唇受了伤。我问他怎么回事，他笑着说："你姐姐下午狠狠甩了我一巴掌。"姐姐刚巧回来，放下菜篮子，一把抱着我说："妹妹呀，今天好危险，我差点儿坏了你的事。都怪我……"听她说完，我方知原委。

栀子姐姐与之玉哥哥彼此之间本来无话不谈。有一天，之玉哥哥注意到那个上锁的抽屉，就问怎么回事。恰好那段时间母亲在父亲身边养病，之玉哥哥去探望，与母亲谈得比较投机，他起好心想在我母亲那里为我争取自由成长的空间，话赶话，就说到我把日记本寄存在他家的事情。母亲本来就不满我不跟她讲心里话，听到我在写日记，还存在别人家，一时情感和自尊都颇受刺激，就骂我，还说要去搜查。白之玉哥哥就急忙脱身回家找栀子姐姐想办法。姐姐一听，又气又急，抢起胳膊就朝之玉哥哥脸上扇过去，还让他马上离开家藏起来。她立即跑去学校找我，她比之玉哥哥更了解我母亲，她知道母亲穿戴整齐就会去她家。

姐姐刚转移好日记，母亲就出现在她家门口。姐姐说："妈，白之玉到哪里去了？等他回来，我要好好教训他，怎么不了解情况就乱说。妹妹是有一次把学习资料放在我家，害怕别人给她弄乱了，就上了锁。白之玉以为是日记本，不了解情况乱说。"她拿出钥匙，交给母亲打开柜子，柜子里面是空的。

能把母亲骗过是不容易的。母亲聪明能干是出了名的。父亲去世前一个月还对我说："你妈就是命运不济，她要是有好条件，能成为最好的外科大夫。她责任心重，又勤奋。小时候，一个夏天你们都不挨蚊子咬，别人家的孩子被蚊子叮成'包老爷'。你们几个从小读书成绩好，和你母亲的聪明也分不开。"

3

那一次侥幸保住日记本，避免了青春期的一次精神创伤。我十分感念栀子姐姐的仗义聪明。因为她和白之玉哥哥的快捷反应，事情才化险为夷。那次事件后，在母亲能掌控的日子，我再也没有写过日记。也是从那次事件开始，我尝试以写作方式结绳记事，把一些事情虚虚实实隐藏在文章里，即使母亲看到，也不必武断地对号入座，不必为我担忧。我给自己想了一个笔名，叫"捷"，含义是快捷。希望自己快快长大，脱离母亲的掌控；希望自己遇事敏捷，像栀子姐姐那样于人于己有帮助；也希望自己未来的人生捷报频传，以报答爸爸给我的成长自由和母亲养护孩子那种枕戈待旦的心情。

像所有渴望长大的孩子一样，我很快也如愿以偿。

到我上了高中以至考上大学后，一年有十个月都在母亲鞭长莫及的地方。寒暑假也不再那么漫长。慢慢地，自己成家立业后，背井离乡，路途遥遥，父母不愿意我们逢年过节奔波辛苦，年年到我的家里长住一段时间，母亲则"客随主便"，与昔日判若两人。

<h2 style="text-align:center">4</h2>

不回故乡，我就很难见到栀子姐姐。每次都从父母口中打听。了解到，父亲退休搬家后，栀子姐姐也不再像以往那么方便常来常往。有一年夏天，我回家探亲，恰好栀子姐姐来看望父母，那一次与姐姐聊了大半天。姐姐的女儿已经长大成家去了成都，是个很争气的孩子，婚姻、事业都不错。只是，白之玉哥哥因为仗义，去给一个朋友做借款担保人，结果那个人赖账跑路，栀子姐姐一家人包括女儿，好些年一直在替那个人还债。栀子姐姐薪水微薄，白之玉哥哥依然在做教师，他们的女儿那个时候刚工作。那样一大笔债，

以及那种被辜负的伤害，都是严重的。栀子姐姐那热情仗义的心灵，在我的感知中，就像一件上等的瓷器，有了隐隐的裂纹。

在父亲的葬礼上，我又见到姐姐。但我一直在哭泣，没有睁开眼睛，没有见到姐姐的样子，只是从声音和动作能够确定是她。她对我说："妹妹，人人都要走上这条路，不只是爸爸一个人离开这个世界，所以，你要想得通。爸爸有你，也是他这一生的幸运。"姐姐捏捏我的肩膀，说她还有点事，就离开了。

回到北京大半年之后，我给栀子姐姐打电话，想消除自己在父亲葬礼上怠慢姐姐的内疚。我不敢提及父亲，只是不断向姐姐提问，关心她的生活。她说，那件伤她的事情已经过去了。替人还债的事情已经结束了。她的女儿不仅帮他们还完了债，还对她说："我愿意有那样一个上当受骗的父亲，而不是一个让别人上当受骗的父亲。"栀子姐姐说，女儿那样一说，她真的放下了。我为栀子姐姐高兴，又想起当年栀子姐姐留在白之玉哥哥脸上的伤痕，在我的心里，却总是无法"放下"的。

栀子姐姐，是父亲的机缘让我结交的一位少年时代的"忘年交"女友。当我远离父母和故乡之后，好些年月，她是我在父母身边的替身。一想到，关于父亲，还有很多我不知道的生命片段，留在栀子姐姐的记忆里，我倍感安慰。如果要与昔日那个人间的父亲"相聚"，栀子姐姐那样忠诚的人，她那记忆的忠诚是何等珍贵。我感念爸爸，当他离开这个世界，他还为我留下一片又一片人心里的青山，栀子姐姐心里的青山，对于我，无疑是苍翠的一片。

2018 年 4 月 9 日

等在楼门口的楼长

那个时刻，清晨四五点钟，正下着小雨，正月下旬的冷雨。一位衣着朴素的中老年女士，站在北大三角地后面十七楼的楼门口，抬头望望灰蒙蒙的院子，又不时转头望望背后幽暗的楼道，十分担心错过什么的样子……那一幕恰好被我看在眼里，那是楼长大姐，她就住在楼门口的传达室。半个小时前，我老家来的长途电话吵醒了她。为什么她没有继续睡觉？随即，我才知道，她是担心错过我……

1

我读研二时，我先生毕业分配到北大工作。按照规定，我先生会与另一位青年教工合住一间单身宿舍，而我在研究生楼与另外三位女生合住一间宿舍。当我们向学校房管处书面申请，说明情况，房管处管理人员就把十七楼楼道深处一间异形小房间分配给我们，面积是其他教工单身宿舍的四分之三，恰好是我先生应住的二分之一间房和我应住的四分之一间房的相加之和。这种公平和精确，至今令我难忘。

我退了研究生宿舍，搬进那间教工宿舍后，无论怎么安排两个人的生活用品，都觉得那占据房子大部分空间的铁制上下床很碍事。我们再去找房管处，希望把上下床退给学校，腾出空间后，我们可以自己买个床。工作人员实在太忙。排队等着被接见后，只见到不耐烦的脸色，听到一句话"已经很照顾你们了，其他任何配置都要维持原样"。

我与先生回到宿舍，当即拆掉了那铁床，做好了将来退房时赔偿学校的思想准备。我们正在拆床，邻居看见了，走进屋悄悄告诉我们，让我们防着楼长，别让她看见了，说她很厉害，不好打交道。

2

在那个凌晨，楼长敲门把我从梦中惊醒去接我父亲从老家打来的长途电话时，我和先生与住在传达室的楼长夫妇以及他们的孙子相处已经有一年半。

与邻居的好意提醒相反，楼长夫妇在我看来十分好相处。那个时候，大多数人没有私人通信工具，与外界往来除了写信、发电报，就是公用电话。我的朋友多，电话多，对楼长的打扰多于一般人，我常常过意不去。夏天到来，我就会好受一些。因为我先生很爱吃西瓜，我爱吃各种水果，我总要去买。这个时候，我总会想起楼长的小孙子。我们吃什么瓜果，我就会给那个可爱的小孩带一份。前几次，楼长坚决拒绝，我就告诉她，我们没有冰箱，那些东西多了会坏掉。她只好接受了。过了几天，她看我在传达室对门的水房洗衣服，就过来让我用她家的洗衣机。从我第一次接受她的好意，就再没有手洗过外衣和大件衣物，尤其在冬天，对于有风湿的我，是莫大的帮助。

这种日常生活的自然往来，除了在具体事务上彼此互助互惠，更带给我温暖的心灵感觉。我猜，对于楼长一家也是如此。这种感觉，在乡村或市井中间，最平常不过。然而，在北大是稀少的。在北大更多的是"君子之交淡如水"，如果没有特别的关系，大家在日常生活中是讲究独立、自由和互不打扰的。

3

那个凌晨的电话，是我公公夜里去世，有人连夜从乡下跑到镇上，告诉我父亲，我父亲又从镇上打电话给我。那个不得已的电话，吵醒了楼长夫妇，楼长又敲门把我和先生从梦中叫醒。我和先生分别写好请假条，匆匆收拾就决定去赶早上的火车。我们是头一次经历那样巨大的变故，毫无心理和物质准备。我们身上只有很少的钱，不知道是否足够路费。路途是那样遥远，我们需要分秒必争往故乡赶。当时未出正月，又是一大早，我们无法向任何人求助，担心别人忌讳。我和先生把家里稍微值钱的手表等东西带着，想到在路上或许可以临时变卖。就在那时，又听到敲门声，是楼长，她手里拿着一沓钱，说家里就那些了，让我们拿着路上应急。

当我们走出门，在楼道口，又遇到楼长站在楼门口。她刚转头看到我们，又转头去看院子。就在那一刻，灰蒙蒙的院子里，一个人影头顶着小雨脚踩着地上的积水，缩着肩膀跑过来。那是楼长的先生，他把手掌摊开，楼长从他手里赶紧拿走那一小卷钱，立即递给我，快快地对我说："儿子住在东门，我让老头子去看看，事先没抱希望，就没有告诉你们。还好，他手里还有这些。现在，你们快走，去赶车。"

4

楼长借给我们的钱，除了回家的路费，还用在公公的葬礼上。我和先生十分欣慰，在关键时刻，我们不仅没有落入沿途变卖东西的境地，还能在家人面前有所承担。离开老家的时候，我想到婆婆失去老伴的悲伤孤寂，并非身边儿女能够给予全部安慰。在村子里，我找到几位与婆婆年龄相仿的同龄女性，私下给她们红包，请她们不时关心婆婆。所用的也是楼长借给我的钱。

公公的去世，是我和先生在北大时期遭遇的最重大的一件事。这件事，深深刺激了我们。"亡羊补牢"的心情是那么急迫，为了余下的三位父母，我先生从北大辞职去了私企工作。我们很快有了房子，一次次把三位父母接到身边陪伴，也把家里的子侄辈和其他亲人陆续接到北京"见世面"。然后是繁重的工作、生养孩子，克服生活中种种困难。多年来，心里都装着楼长大姐一家的恩情。等到有一天，感觉有了松一口气的状态时，我回到北大去找楼长大姐一家，他们已经搬走了，原来的联系方式也没用了。

楼长大姐的样子，一直非常清晰地刻印在我心里。我希望有一天在某处，能够遇见她和她的家人。她不仅于我有恩，也在人格上对我有启迪。她待人接物，不声不响恰到好处，她为人处世不卑不亢善良自尊，这也是我在北大几年领略到的另外一种美好风景。

2018 年 9 月 17 日

女性的"人生四宝"

　　雪莲，是我先生已故亲哥哥的女儿，是我儿子的堂姐，是我重要的女朋友。她曾经有五年时间陪伴在我身边，照顾我怀孕、生养孩子，分担我丈夫的某些角色保障孩子的需要，分担我的角色管理我的家，又像母亲般照顾我，更以朋友的心理解我、帮助我。直到婚期定下来，她才离开我的家。当时，她看我分身乏术，不忍离去，提出再帮我把孩子带到更大。我则不忍她为我耽误自己的生活，劝她离去。十二年后，雪莲带着自己的一双儿女，回到北京，在我家住了一个月。

　　我一向需要清静的生活，如果雪莲仅仅是一个"天经地义""理直气壮"的亲戚，我承认，我很难做到这么长时间牺牲自己的生活状态：停止写作，放弃陪伴读高一的儿子的寒假旅行或学习，心甘情愿"主随客便"，与我先生一起主动担任"家庭教师"，对雪莲两个小孩的活泼、好奇、好强、好学保持欣赏、鼓励、调整、陪伴的热情。这是雪莲早已赢得的"待遇"，是她在我这里不会过期的"资格"。这种"资格"既不是"先天"的，也不是"法定"的，而是她自己"挣得"的。不可否认，雪莲是我"法定"的亲戚，我们之间有一种"先天"关系。在不明真相的邻居记忆里，雪莲则是帮我带过四五年孩子的保姆。但，如果只说她是我的亲戚和孩子的保姆，这是过于苍白的表达。超越三亲六戚和工作关系，我与雪莲成了朋友。亲戚，不由人选择，朋友却是；保姆，是雇佣关系，朋友却不是。

1

雪莲十岁前，我就认识她。这种"先天"关系，毫无价值地存在了好几年。直到她上初二那年，我们都开始为对方"创造价值"，我们的关系从此就有了"价值"。

好几次，有人希望我帮忙从老家农村找小女孩做家庭保姆，我都不敢贸然答应。雪莲本来可以是合适的人选，因她父亲病重，需要她分担家计。直到我的大学挚友生了孩子，需要保姆，我才有决心把初二辍学的雪莲介绍给她。我的挚友热情、能干、真诚、善良，乐于助人，也善于调教人，我觉得把单纯、聪明的雪莲交给她应该是两全其美的。

我带着第一次走出山村的雪莲上了拥挤的长途汽车。半路上，有人下车，空出一个座位，雪莲眼疾手快先坐过去，再小声叫我："么妈，你过来坐。"想不到，雪莲没有初次出门到陌生地方那种怯生被动、缩手缩脚。这种"穷人的孩子早当家"的生存能力，令我心痛伤感的同时，又令我对她的积极、伶俐、懂事刮目相看，也欣慰地猜测，挚友经过培训之后，把一个孩子交到雪莲手上，应该可以放心。

朋友的女婴非常可爱，少女雪莲的慈爱母性被唤醒，吃苦耐劳的习惯，耿直的天性，机敏的智力，都来辅佐她的母性激情。在好学上进的雪莲眼里，女婴的母亲大方聪慧，是个言传身教的好榜样，女婴的外公外婆都是"好为人师"的儿科医生，一家人都心直口快，苦口婆心对待雪莲，使她初出茅庐，就像那些实验班的学生，既得到额外的重视也受到超额的训练。雪莲写信给我，报告她的收获与进步，也提及她有时感到一种自卑的寂寞，自尊心过不去，就写日记。把女婴带到四岁，雪莲度过了自己的青春期，那也正是一个高中毕业生的年龄，她相当于上完了"保姆技校"，学到一些职业技能，包括医学知识。

雪莲，对于我，是雪中送炭。

怀孕三个月前后，早孕反应太厉害，无法进厨房，请来帮忙做饭的亲人和亲戚都不习惯北京的生活。找到正在广州当工人的雪莲。坐车四十小时，二十二岁的雪莲带着一个小包在夏季的清晨敲开了我家的门。我父母正等着她来交班。雪莲进门，立即上手，进入工作状态，她洗完澡就挽起长发，直接走进厨房开始做事。

从她走进厨房那一刻开始，我也在想：这个女孩"有求必应"而来，一来就解决我的困难，我除了用最真的心与她朝夕相处，令她感到受尊重有快乐之外，是否还能够再想远一些？

进一步细想：孩子出生后，我还会回到工作中去，雪莲和孩子相处的时间也许比我还多。我需要在孕期与雪莲一起，为孩子将来的养育做更多的准备。另外，雪莲要在我家度过她最宝贵的青春岁月，给我带大孩子，她就将开始自己的全面人生：结婚生子等。等她离开的时候，她留在我身边的是一个逐渐可以放手的孩子，她从我家离开时，除了带走她的工资存折之外，还能带走什么有益于她的人生未来呢？

我很快就有了一些想法。我的母亲一周后就会离开，她正在把种种需要嘱咐的事情和经验告诉雪莲。在老家，我的父母有他们的威望，雪莲也很熟悉他们、尊敬他们。对我母亲的嘱咐，她不仅认真地倾听，还主动请求母亲告诉她更多。

我的父母离开后，我带着雪莲重新建立家中的秩序，包括空间分配。当雪莲安住在父母住过的房间里，临睡前，我走进去，对她讲了那些装在我脑子里好些天的想法。

我对她说了我的看法："父母、教育、爱情婚姻、孩子，是女性的'人生四宝'。父母无法选择，我们来自底层平民家庭，我们得到过粗糙甚至粗暴的爱，这是无法苛求的，我们感谢父母亲人所给的足够的爱。教育，受制于出身，家庭给我们的人品和习惯教育有正有偏，在学校所受的知识教育有多有少，在社会所受的人格影响有好有坏，我们需要终身学习，自我修正、补充。父母和教育，又影响我们的爱情婚姻。爱情婚姻，又影响我们的孩子。具体到你身上，父母、学校教育，已经成为定局。爱情婚姻也能猜到眉目。

只有孩子，是不可估量的，你从现在开始每天都能有所作为，孩子也许会给你的人生带来巨大转折的意外惊喜。要得到这个惊喜，最大的前提是，你从现在开始就为做母亲做准备。你正好可以和我一起学习、准备做母亲，以此弥补父母、学校教育、爱情婚姻所受的限制，争取最大的意外收获，成就你未来的幸福人生。"我建议雪莲更大胆自信地发挥她的主动精神，把陪伴我做母亲这个过程中她能经历的任何细节，作为她自己的"母亲预习功课"。我说："我在做母亲之前，并没有你这样的机会。我们肯定会一起犯错，但，这些犯过的错，只需我买一次单，你将来就不必与你的孩子重新买单。你我所有初次尝试成功的经验，你未来也可以充分利用。"

2

每周去做产前检查，雪莲都陪着我。医院人多，我在医院外边散步看书，雪莲去挂号排队，两三个小时后她打电话叫我去见医生。产检结束，我们又一起去听产前培训课，雪莲接受我的建议，用我送给她的笔记本和笔做听课笔记，留作将来需要时查阅。我们一起逛母婴用品店，准备各种必需品时，雪莲总是坚持把所有的东西自己一个人拿着。至今记得有一天从大老远的地方，雪莲扛着那个淡红色的婴儿澡盆和我一起回家的情景。

孕期的家务，雪莲应付起来很轻松。我对她说，她的工作除了准备三餐和保持家里的整洁之外，更重要的是学习饮食营养学、医药知识，形成适当的养育观念，等等。我买《父母》杂志以及相关的父母读物，买《倾听孩子》《第一母亲》等书籍，我先看，看了再挑选容易理解或者重要的内容给雪莲看，或者给她讲解。她每天都花时间阅读我给她的那些婴幼儿抚养读物，并做剪报写笔记。我还让她有职业素养观念。我说："你有做家政的品德和天赋，这可以是你终生的职业方向；任何工作都可能产生不愉快，何况是做家政带孩子，因为责任重大，有太多琐碎和个人习惯冲突；如果将来在带孩子的过程中产生不愉快的摩擦，希望你看成是工作本身的自然产物，不要多心。"此外，我还让她看了一些适用于白领的职场励志图书。

我让雪莲把最重要的养育观念逐渐建立起来。首先是保证孩子的安全，其次是尊重和体贴孩子，重视孩子自信能力的培养，要让孩子有良好的道德品质，让孩子有良好的习惯，要重视孩子的礼貌教育等。在这些前提下，再做各种养育所需的知识准备，比如，如何正确使用体温计，如何做干净营养的蔬菜水果汁，如何使用药物，如何利用公共设施（打急救电话等），甚至穿衣服如何搭配颜色，将来如何让宝宝穿得漂亮舒适地出门，以及如何与周围人积极沟通有分寸地交往，等等。

有一天，雪莲说要给孩子准备纯棉尿布，尽量不用尿不湿。我问为什么。她说她看到一种说法，小男孩如果用尿不湿可能影响将来的生育。对这件事我将信将疑，但我尊重雪莲的意见。我的朋友帮我从一家出口尿布的工厂买了一整匹雪白的纯棉尿布，雪莲开始在家里画出尿布尺寸，剪缝洗熨，还给孩子缝了几个洁白的纯棉小枕头。这些过程，提前培养了雪莲这样的"代母亲"与即将出生的孩子之间的情感，也为她自己积累了将来做母亲的经验。算是一举多得，我自然十分开心。雪莲宁愿给自己"找麻烦"，增加工作量，一切为了孩子，也令我感激。

除了家务和学习，我让雪莲养成午休的习惯，将来孩子出生后，孩子午睡她也可以午睡，以保证自己良好的健康状态和心情。我说，孩子出生后，忙起来，家里需要保持整洁，但如果为了保持整洁要牺牲你的睡眠，那宁可牺牲整洁；这种选择取舍，还可以扩展为"人第一、物第二"，出现冲突的时候，你可以扔掉手里的物品保证孩子的安全；孩子有了某些自我负责的能力时，你要选择尽量让他自己完成自己的事情，而不是一味代劳，这不是"偷懒"而是"负责"。

我还教给雪莲统筹时、空的方法。我说，我在家里的时候，你就学习或者做家务；我不在家的时候，你可以看看自己喜欢的电视节目，可以和男朋友、家人打电话。

某天，邻居有事与我一起到我家，她发现，我们进门时，雪莲在客厅从容地结束她的电话，就善意提醒我，别把保姆惯坏了，怎么趁主人不在家，偷打电话。我说，这还真是一个惯不坏的人。相信以很多人的经验，惯不坏的人，的确少见。幸运的是，雪莲是其中一个，被我遇到了。凡遇到一个我欣赏的晚辈，我容易"好为人师"，又喜欢惯人，但我也害怕别人和自己被惯坏，因此，雪莲与我的互相成全令我庆幸。这位邻居后来了解雪莲之后，也为我感到庆幸。

她说，一些受照顾的亲戚，或者家族中相对弱小的一方，常常觉得自己白得好处理所当然，甚至还因得不到更多而心存怨恨，有些人还会因为一点小恶忘掉别人的大恩，却从不反省自己有何贡献。

我的其他一些女友，常听我说起雪莲，从国外回来给我带礼物时，也会专门送给雪莲一份礼物，我很感谢这些女友对雪莲的尊重和欣赏。我也对雪莲讲她见过的每一位女友的人品、才干和奋斗经历，让雪莲看到活得精彩的女性有什么特点，以及她们背后的付出。

我让雪莲花些时间打扮，可以试穿我的衣服，如果她穿上很好看，我就送给她。我买新衣服新鞋的时候，同一款不同颜色，我有时候会买两份，她一份我一份。我让她穿戴漂亮有品质，更加自信，多和人交往，在社区里交到朋友，能自如地生活在孩子将来要生活的这个社区。

这些建议，雪莲都让我看到很恰当的回应。但她总觉得工作太轻松，我给她的"好处"太多，几次提出让我暂时不要给她那么高的工资，等到将来孩子出生之后忙了累了再给高一些的工资。我告诉她，现在的学习就是最重要的工作，因为将来要全部运用到孩子身上去。从一开始，我就希望雪莲认识到，带孩子，有价值的贡献不仅在于干了多少人眼看得见的累活脏活，也包括无形的修养对孩子潜移默化的影响，因此，不断提升她自己的修养也是工作业绩之一。

3

　　孩子出生后，雪莲随时在用婴儿肥皂洗那些洁白的尿布。夜间，她也不愿意给孩子用尿不湿。为了及时更换尿布，我在月子里时，偶然发现雪莲竟然坐着睡觉。她说自己睡觉沉，不容易惊醒，怕孩子要吃要撒她不知道。有一次半夜，雪莲叫醒我，说孩子发烧了，接近高烧。当时，孩子被误诊为听力有问题，我最惊恐的就是孩子发烧影响听力。我们给孩子吃了药，发烧被控制了。早上，我要奖给雪莲 100 元钱，她无论如何都不要。我只好说："你收了钱，弟弟就一切平安，少生病。"雪莲才收了钱。雪莲聪明、有主见，能吃苦耐劳，性子也倔。我知道制服她性子倔的"尚方宝剑"就是弟弟的利益。无论什么事情，只要对弟弟好，她就没有话说。有一次，孩子在外面滑倒了，头磕出了一点血，雪莲惊吓出了满脸的汗水，立刻回家讲给我详细情况。她的紧张不仅是怕我说她，更是怕伤害了弟弟。还好，孩子就是在一块小石子上磕破了皮。我先生把那块石头拿回家，写上年月，并命名为"成长石"，留给儿子做纪念。雪莲非常爱孩子，但是，她知道父母与孩子的良好关系对孩子的身心健康是最重要的，因此，她不仅没有和父母在孩子面前"争宠"的行为，似乎还自觉地在孩子和父母之间做良性沟通，比如，是她教会孩子最早叫"爸爸妈妈"，是我教会孩子叫"姐姐"。

　　孩子刚上幼儿园时，雪莲不放心。她也不告诉我，自己偷偷躲在幼儿园附近观察户外活动时的状况。有一次，她竟然跟着幼儿园送饭车到了我儿子班级的窗户下面。凑巧的是，她看到我儿子光着下半身坐在小凳子上。那个时候已经是中秋，天很凉了。她立即给我打电话，我立即给幼儿园打电话，老师很吃惊我怎么知道孩子的情况。

孩子上幼儿园之后，雪莲又觉得工作太轻松，觉得拿着我给的工资过意不去。她又听说保姆可以到那些工作量大的别墅去挣更多的钱，就悄悄去中介公司交手续费找工作。工资似乎是高一些，雪莲也不介意在别墅里干两倍的活，到了月底结算的时候，她才发现，扣除一些费用之后，余下的工资还没有在我身边多。除了损坏东西要赔偿、缺少尊重之外，连打个一分钟的电话也要到公用电话亭去。她就在一个寒风之夜，收拾完一切之后，到公用电话亭给我先生打电话希望回到我身边，又觉得在我面前不好意思。第二天，我就打车去把她接到我家。回到我身边，她多次劝我生第二胎，说趁着她在，可以帮我把两个孩子一起带大。后来，我真后悔过当初没有听雪莲的建议多生一个孩子。

4

雪莲婚后很快生了一个女儿一个儿子。当她再次出去工作时，成了高薪抢手的月嫂，新主顾大都来自旧主顾的推荐。我在北京的一些年轻朋友陆续到了生育期，她们也知道，雪莲除了工作称职，也不说闲话不惹是非。她们提早让我帮她们预定雪莲做月嫂，按预定排序等不及，才遗憾地换人。

我知道雪莲除了有职业精神，还发自内心喜欢所有的孩子。她做工作是不遗余力的。有时候我打电话去问她，长期处于那种照看新生儿和产妇的紧张状态，睡眠不足怎么办？雪莲的声音带着笑，自豪而轻快地告诉我："我已经练出来了。孩子睡，我马上能睡着，孩子快醒时，我自动会醒，好像有感应一样。"

这些年来，我不时会收到雪莲的两类短信：一是反复感谢在我身边时学到的一切，一是咨询孩子教育琐事和她的各种职业发展信息。

有时候，雪莲也会发来一两张近照，多数是她与不同雇主家里孩子的合照。一是她总处于工作状态，偶尔照一张照片也是"工作照"；二是她忍不住让我看见那些可爱的宝宝，就像她愿意和我分享她自己亲生孩子的照片一样。

随着她自己两个孩子上学，雪莲不再只是依靠自己的母亲照看他们。她换了收入少、离家近、工作时间自由的白日保姆工作。她因此得以在孩子寒假的时候，攒到一个月的无薪休假，带着他们姐弟两个从定居的海南岛到北京与我们一家人共度一个月。雪莲的本意，也是希望两个孩子在我们身边获得一些成长的启发。也因为她对自己带大的小堂弟，也就是我的儿子那种深沉的情感，雪莲从海南岛带了巨量的海鲜和热带水果。为了不麻烦我们，她拒绝我们去接机。我们坚持在深夜的机场等到了他们母子三人，以及雪莲随行托运的海鲜与水果。

两个孩子非常可爱，懂礼貌，聪明好学。他们的学习成绩都很好，雪莲也深得孩子老师尊重。我为雪莲未来的人生感到踏实，充满期待。雪莲比照片上还要消瘦，尽管看上去她总是喜悦的、很有信心的样子，但，辛苦的工作在她的容貌上留下了鲜明的痕迹。只是，她那颗质朴、实诚、温厚的心，从未变得"轻薄""消瘦""淡漠"。这一点，我从雪莲推着的堆满礼物的行李车上触摸到，更从她那两个孩子初次与我们见面，却与我们由衷亲热中感知到。

雪莲不仅自己不遗余力地付出，也教育她的孩子懂得付出和感恩。他们去故宫回来，两个孩子用自己的零花钱给我们一家三口一人买了一枚书签，我们很高兴地收下了。雪莲还让她的女儿给大家削水果，让她的儿子给我们送茶。饭桌上，我发现雪莲对我儿子的偏爱几乎是不自觉的。她很想把厨房的事情全部包揽，但我说要让我儿子养成做家务的习惯时，雪莲又忍住自己的付出之心，在旁边看着我儿子收拾厨房。

一个月过得很快。两个孩子不愿意离开，说他们下次还要来，以后还要到北京读大学。雪莲走之前，我把自己衣柜里三分之二的衣服都送给了她。我已经无数次清理我的衣柜，留下那些无法再精简的衣服，有些还没有穿过。雪莲一再希望少要一些，她说，我给她专门买了新衣服，不用再把自己的衣服送给她，都是好衣服，让我自己留着，有些场面要用。我说，留下三分之一，就够我用了。你比我年轻，两个孩子读书、社交、很多时候，用得着那些衣服。你如今孩子小，不可能有多少时间、精力去筹办，不如就用我这里现成的。雪莲说不过我，就一次次把那些衣服重新给我挂回衣柜。

毕竟，姜是老的辣，一个没有贪心的纯朴的人，肯定会"败"在我面前。我说，你是在帮助我断舍离呢，难得机缘在此；如果我是富豪，还想送你房子呢。雪莲说，那你快点成为富豪吧。我们相视一笑。最终，几个大包裹立即把那些衣服发往海口。曾经，在我的艰难岁月，雪莲与我同甘共苦，和我的孩子一起成长，如今，这种"与子同袍"的心情，让我倍觉舒畅。

2018 年 9 月 22 日

亦师亦友的"女友们"

从这些亦师亦友的"女朋友"身上，我得到帮助，感到温暖，看到女性生命接近完成的一些理想状态，并得到难得的榜样力量、生活经验与生命智慧。

女性之间，有特别的性别氛围。这种氛围，情窦初开的男孩，最容易感受到。女性自身，终其一生，不会对这种如鱼饮水的氛围感觉迟钝，也视之为理所当然。

在这种性别氛围中，女性之间，即使是实实在在的师生关系，也最易在亲近、亲切、亲密的氛围里，变成朋友。

女性相处，有太多"温馨琐事"，让生命界限混沌。比如在洗手间，一方给另一方一张纸巾或卫生巾，就可以"瓦解"师生边界。男人之间互相递一支香烟、敬一杯酒，可以彼此亲近，但彼此的"防线"很难改易。

正因为如此，亦师亦友的女性，对于"好学"的一方最为有益。无须程门立雪，作为后学的一方，就能在为师的女性那里，自自然然亦师亦友。

在女性师友之间，"知识过程与人生体悟"最能水乳交融地传递。在女性生命里，亦师亦友的"女友们"，就像玉兰花那样的木本花朵，在女性友情花园里别具一格。在仰面而来的芬芳里，年岁、资历或见识的势能，降下丰硕的花瓣。

从这些亦师亦友的"女朋友"身上，我有幸得到帮助，感到温暖，看到女性生命接近完成的一些理想状态，并得到难得的榜样力量、生活经验与生命智慧。

八尾猫

传说，八尾猫要修行成为九尾猫之前，必须经受试炼，也就是要去报恩。当它满足了恩人的愿望，它就会长出第九条尾巴，不过，同时它又会失去一条原来的尾巴，因而，它还是一条八尾猫。所以，世上完成修炼的九尾猫极其稀少。然而，当那位恩人说"我没有别的愿望，我的愿望就是你长出第九条尾巴"时，八尾猫就会长出第九条尾巴，而且原来的尾巴不会失去，它才成为真正的九尾猫，最终完成它的修行，并与恩人的灵魂联结在一起，就算在轮回里也能再次相遇。不过，这样的机会非常难得，一条八尾猫往往要等许多年，甚至上千年。当我在几乎走投无路时，从偏远之地来到北京，在北大刚刚遇到师母王文英时，我不知道未来会有机会与她成为"忘年交"，也还没有听说过八尾猫的故事。

1

师母王文英退休前在北大经管学院工作。有一年，我的四弟打算报考经管学院的研究生，那个时候还没有互联网，四弟希望我替他从我师母那里打听一下招生信息。我说，这个忙我帮不了，并略做解释。对我的说法，四弟并不赞同，但他表示可以接受我的拒绝，自己去另想办法。

前不久，朋友从故乡来，住在我家里。闲聊时，她提到《锵锵三人行》节目中日本留学生加藤嘉一和他母亲那一期。窦文涛想知道加藤嘉一的母亲那样言行举止优雅，在日本女性中是少见的吗？加藤嘉一说他母亲那样的人在日本是普通常见的。朋友说，在她身边那样优雅的女性却是凤毛麟角，就问我见到过多少那样的女性。我说，恰好我也看过那一期节目，第一个就想到我师母王文英的温柔和优雅。

与朋友说起师母那天，恰好我四弟在场，我就说起他当年考研那件事，向他道歉。朋友觉得我这个姐姐太不近人情。她说："这件事，事关你亲生弟弟的前途，对于你师母是顺便，对于你只是一句话，不都是拔一根毛的事情吗，为何帮不了呢？"

看我有些解释不清，四弟就对我朋友说："我姐并非不愿意帮我。她其实帮我做了很多，只是涉及师母她内心有难处，我完全理解她的心情……"

朋友听四弟讲述我在另一件事上不遗余力帮他，更好奇我在这两件事上的反差。我只好对朋友从头讲起我与师母王文英多年的交往，重点讲了几件难忘的事情。最后，朋友说她终于理解了那一次我对四弟为何"一毛不拔"。

我在四川时，读温儒敏教授的学术著作《新文学现实主义的流变》，见他在后记里写道："内子文英为本书查核资料，抉剔错漏，抄录文稿，还有承担家务。"

　　1995 年 4 月 3 日下午，我第一次去北大未名湖北侧的镜春园82 号拜访温儒敏教授。院子里慈竹环围，空中大片绿荫，隐藏着黄竹叶，竹根处覆盖着枯竹叶。老房子窗户小巧，教授著作后记里提到的"且竹居"在薄暮的阴翳之中。正说着话，竹子门帘掀开，一位穿冷色衣服、身材匀称、头上低低扎着马尾的女子从院子走进客厅，手中拿着一把青菜。她微笑着，几秒钟就走到里屋去了，就像我小时候在雪坡乡间，冬天从堂屋点燃火把去厨房，又稳又快。看不出她的年龄，她的肤色和微笑，只让我想起小时候在雪坡凌晨起床劳作时，抬头看见的那与梦相连的月光。

　　告辞时间到了，温老师借给我几本书，我要装进书包时才看到那包黑木耳。那是我离开四川前，朋友替我准备的。她说学生第一次拜见老师，要"束脩以上"。温老师说不收东西，让我拿回去自己吃。我说，我没有地方做饭。温老师说："那你泡着开水吃。"我不知如何是好。这时，刚才那位女士出现了，她压低声说道："温儒敏，你收下，别为难人家。"

　　温老师对她说："她叫赵婕，四川来的。赵婕，这是王老师。"我叫了一声"王老师"。王老师朗声说道："赵婕好。你先坐下，等我一下。"随即，她拿来一袋礼盒咖啡要我收下。我推辞，她就说："你看，我们已经收下了你的礼物。谢谢你的心意。"

1996 年 4 月下旬，北大研究生院发现我报考研究生的介绍信是街道出具的待业青年身份，而我的档案资料显示我是在职人员。资料出了问题，要收回我的录取通知书。温老师得到消息后，费尽周折找到我，问我怎么回事。我告诉他，到北京报名时，因借用我先生在清华大学学生宿舍的邮箱，原单位开具的报名介绍信被弄丢了，时间紧迫，只好托父母在老家街道办事处加急开了一封介绍信报考。温老师了解到这一点之后，要我在次日八点钟之前，从原单位重新开具证明补交研究生院，并说明情由。当时，唯一的办法是通过电话和传真来试一试。那个时候，公用电话都很少，更不要说私人座机、手机。已经是傍晚时分，能打长途电话、发传真的邮局也下班了。师母让我就在她家里办理这件事。我就守在她家的电话边，联系原单位的朋友，运气好还联系上了那边一位可靠的朋友。那位朋友又想尽各种办法，终于在夜里十一点把所需证明的传真发到师母家里，并承诺第二天一早到邮局给我寄来原件。

那"决定命运"的几个小时，师母和老师一直陪伴着我。除了说一些闲话，减轻我的压力，他们还分别说一些话给我信心，仿佛有意无意在替我祈祷。温老师说："赵婕交的朋友都不错，有能力也有诚心帮你，能够渡过这个难关的。"师母说："赵婕，我看你遇到事情不慌神，镇定也能帮你。我们一起等来好结果。"等来好结果时，师母才热了饭菜端上桌子，三个人一起吃饭。那是我今生吃的最晚的一顿晚餐，而不是夜宵。饭桌上，因为心情激动脑子失灵，一口说出那天是我二十八岁生日。在温老师祝我生日快乐的时候，师母又取来一套韩国化妆品送给我。

1997年，我先生赵洪云到了毕业找工作阶段。师母主动关心，并要去了一份简历，说帮他转交给北大正招人的单位。师母建议赵洪云把她家的座机号码补充到简历上留给用人单位，说便于人家第一时间联系到，不要错过好机会。接下来，她家的电话很容易响起来，应该是不堪其扰，师母却十分高兴，对赵洪云说："你真是个香饽饽呀，这么受欢迎，到处要你去。"尽管是有不少选择，赵洪云最后还是选择到北大工作。第二年，我公公去世。我先生意识到要及早孝养还健在的三位父母，决定"透支未来"，借钱给北大交完违约罚款后，离开北大去了私企。我们当时做事并不周到，也没有特意去向师母讲讲这件事。师母似乎也尊重我们的选择，一如既往对我们好。

这三件事，是认识师母前三年的代表性事件。我的朋友听了说："看来你的老师师母是不遗余力助人为乐的人，你和你先生已经接受了那么大的帮助，为何不愿意你师母再帮你弟弟一个小忙呢？"

我说："温老师和师母几乎是出于本能在帮助人，这我知道。但，人的良知却是受恩思报，我也一样。但因自己能量级别相对低下，几乎永远无法报答一而再再而三帮助我的人。老师师母这样的人，如果用物质去报答，反而是'抛砖引玉'，初次见面，黑木耳换咖啡就是一个象征；如果用情感去报答，就算你心诚意洁，他们何尝不是心诚意洁？如果用精神去报答，他们的精神能级始终高于我。怎么办？我已经受惠太多，既无涌泉相报的能力，那么，新的

'滴水之恩'也不敢再受了。同时，我意识到，一个好人，可能特别对你好，甚至一再对你好，但对你的好，只是她对人好的一部分。还有很多急难之人在指望着这样的好人。一口井不是大海，口渴的人却很多。自知之明、谦让、不贪心，是你一再受恩又无法报答时唯一能做的'贡献'。"

朋友说："从某些角度，我赞同你的观念。关于你弟弟这件事，我也理解了你。师母几次主动帮你，都是她觉察了你的需要，而不是因你请求。你有所请求，她做的一定比你请求的多。所以，你也知道，你弟弟考研的事情，一旦让她知道了，她会在不违背原则、力所能及的范围内，给她自己增加负担。所以，看似顺口、顺便、'拔一毛而利天下'的小事，其实是一连串的事。那么，这件事，我们可以放下了。"

2

听朋友这么说，我也轻快。心想，可以听她讲些其他事情了，不要总是我一个人谈自己敬爱的人。但朋友是个锲而不舍的人，她说："现在，我关心下一个问题——你是否试过在物质、情感、精神之外，对你老师师母有所报答呢？比如技术、体力这些方面。技术方面，现代生活里需要用到很多高科技技术，长辈或者文科方面的人士，这方面总是略逊一筹的吧，这是你的机会呀。长者再卓越，在体能方面，年轻人总是能占上风，这也是你的机会呀。还有，任何人都不可能一直一帆风顺，在他们生病的时候、遇到某些麻烦的时候，也是你报答的机会呀。"

朋友以期待的眼神望着我。我想了一阵子，想起了一些事情。

技术方面，师母曾让我先生帮她去挑选一台电脑。我先生那个时候帮我的同学、师兄师姐都买过电脑，我们轻车熟路就帮师母配好了一台，就在中关村店里打电话告诉师母情况，问她还有什么要求。她很客气地说麻烦我们了，没有别的要求，完全信任我们。同时，她就问花了多少钱。等我们把电脑搬回她家安装好，在她家吃过晚饭，临走的时候，师母把一个新开户的存折交给我们，说是电脑款1500元，她在下班路上已经给我们存好了。那件事留给我很深的印象。后来，我从朋友那里借过一次钱，还钱的时候，我也学习师母，用自己的身份证开了一个户头，把要还的钱如数存进去。不过，师母那张存折，却引起过一个谣言。时隔不久，班上一位同学着急找我借钱，我身上现金不够，又急于去上课，就把那张存折给她，让她可以凭密码去支取。她很奇怪，那竟是我师母的存折，我匆匆告诉她存折的来历。不知怎么回事，以讹传讹，后来就有人造谣，说我贿赂温儒敏教授，给他家花1600元钱买了一台电脑。

朋友听了很惋惜，说："你好不容易有机会给老师做一件力所能及的小事，却在帮助别人的过程中，给自己和老师带来这么糟糕的'回报'。"

我说，糟糕的事情无独有偶。有人在网上冒用温老师的名字开自媒体，发各种乱七八糟的东西。我儿子自告奋勇去帮他解决，我在腾讯的朋友还从内部帮忙协调，问题看上去解决了。儿子带着温老师和师母送的礼物，高高兴兴回了家。想不到，过些日子，冒名的自媒体又出现了。我打算再派儿子去处理，师母却让我们不必再费力，她说，既然处理了又冒出来，就还会冒出来，干脆不理睬算了。

从技术方面看，试图"报答"老师和师母，前者功过相抵，后者无功受禄。

体力方面，好像都是琐事。因为经常去温老师那里借书还书，师母就会留我吃饭。母亲从小教我，在任何人家里，只要吃饭就要帮忙做饭、收拾碗筷和垃圾。在师母家里，我也是谨遵母训不求例外。但，师母做饭菜讲究而复杂，我能帮忙的地方有限，偶尔就去院子外面的开水房打两瓶开水。有一次去时，那个开水房修理，我就跑到很远的地方去打了两瓶水，回来之后，师母还说过意不去。有时候在师母家里大餐一顿，又去厨房和她聊天，就耽误师母出去扔垃圾，我走的时候坚决要帮忙带走，师母先是阻止，阻止不了，她就定定地站着，无可奈何的样子，仿佛她心里沉甸甸的。镜春园是平房小院，煮饭用的是煤气罐，我和先生希望帮师母去换一两次煤气罐，她从未同意过，不是骑车自己去换，就是温老师去。一个冰天雪地的日子，我去师母家时，煤气罐公司派人来换煤气罐，师母额外给50元钱辛苦费，那人推辞半天才收下。

体力方面对老师和师母的"报答"既然乏善可陈，再看看"生病、有麻烦的时候"吧。

2016年夏天，温老师担任总主编的《义务教育语文教材》（部编本）投入使用后，他病倒住院做了心脏手术。师母那段时间身体也不好，要家里医院两头跑。她的女儿女婿孩子小、工作忙，也尽力协助她。我给师母打电话，希望出点力。师母不同意，估计是考虑到我住在西山太远（我曾经住在距离他们较近的地方，但孩子大了，房子就不够住。换房的时候，很希望能在师母的小区买到房子，与他们比邻而居。可是，那儿的房价涨得太高，交易房源少，又没有稍小的户型。我只好搬到了西山脚下）。为了打消师母的顾虑，第二天一早，我先坐车到师母家小区门口的公交站才给她打电话，告诉她我已经来了，可以叫专车陪她去医院照顾老师。可是，师母说，她的女儿已经请了假要陪她去，暂时不需要我去。就在那时，电闪雷鸣，暴雨下得更大了。我打着伞，全身也被狂乱斜飞的雨淋湿了。无论如何打不到车，我先生太忙，我不愿意叫他从家里开车出来接我，公交车也久久不来。我全身湿透，在路上挨了两个小时才回到家。

那一次，我似乎更看清了自己在亲近的人心中那种"有心无力"的形象。我从一些细节想开去：如果我会开车、如果我的身体更强健、如果我经营自己的生活能举重若轻、如果……是不是师母就可以"安心依靠"我一次呢？究竟是不是这样呢？是，又似乎不是。

我对朋友说起前几年的夏天，我在师母生日那天早上，从北京到山东大学去看望她和温老师，晚上又返回北京的事。

师母的父亲九十多岁了。新房子装修好之后，老爷爷就住到师母家里来。温老师从北大退休后，被山东大学请去当一级教授。师母要去山大照顾温老师，就让妹妹一家住到自己家里，照顾老爷爷。

为了不影响老爷爷和妹妹一家的日常生活，每次从山东回来，师母白天照顾老爷爷，晚上就去住酒店。

那个阶段，我不容易见到师母。等到她的生日，我就坐动车去济南看她。山大给他们安排的住处是一套宽敞的房子，比她北京的家要小一些，但我却感到，在山大的居室中，师母却显得比在自己家里还要娇小。我去用她的洗手间，故意洒水在地板上，试一试有多滑，然后再擦掉。师母年纪大了，骨质疏松比较厉害，她是不能摔跤的。好奇怪，我关着卫生间的门，也被师母看穿了。师母带着笑意说："赵婕呀，你放心吧，我不会摔倒，我会小心的。"

师母和老师说请我去饭店吃午饭。温老师换上了一件很雅致的暗银色衬衫。师母告诉我，这衬衫是她刚给他买的打折的名牌，买了两件，她已经熟悉附近的商场和菜场了。温老师点了海参粥，师母不吃。温老师说："你要尝尝，回家好做呀。"师母就尝了尝。我们很多学生都知道，温老师不喜欢吃外面的饭，喜欢吃师母做的饭。饭店里的空调怎么也无法调小，也躲不开。温老师就坐在了可以挡风的位置。但风还是袭人。我要把自己的披肩给师母用，师母不受。她问服务员要来一些报纸，挡住了她和我的膝盖。温老师说，下次出来，多带上一件衣服。

我本是中午前到的济南，但在花店耽误了一会儿时间，和师母在一起也不过两小时。不想影响他们午休，午饭后我就执意要走。吃完那顿又冷又暖的饭，一起在山大温老师的办公楼下散步大约一刻钟，连楼都没有上去，我就上了出租车。透过车窗，我看着师母的微笑，与他们挥手。看不见他们的时候，我让司机又掉头，绕了一下，慢慢从他们身后开过，凝视他们留在生疏小区院子里的背影。在陌生人眼里，这是一对身材保持很好的老夫妻的背影；在了解他们的人眼里，这是一对心怀也保持很好的夫妻，纵然他们也必定受过大大小小的伤。

走了一遍老师和师母常常奔波往返的路，仿佛在内心留下一张纪念的照片。那段时间，恰逢我身体不太好，似乎更能体验年近七旬的老师和师母从来没有诉说过的旅途辛苦。随即，我又不安，觉察到自己的拜访给他们添了麻烦：在外面吃饭，受空调的寒风，等等。这样的"美中不足"，对于年轻人、健康人不算什么，对于身体虚弱的人或者上了年纪的人，有时候就是一种麻烦。

3

尽管我还算不上老人，但疾病的经验让我能推知虚弱状态下人的不容易。温老师和师母并不虚弱，在同龄人中他们的健康状况是比较好的。但毕竟是有一定年纪，而且忙碌不亚于退休之前。所以，尽管惦念，见面也难。师母的生日，就成为一年一度约见他们的借口。这次生日时逢周末，知道她女儿一家要回去。我就提前去看师母。想到师母说她不出门就在家里，我和她就没有约定具体时间，只说在她午休之后到她家，默认的时间也就下午三点左右吧。想到下午要出门，我就想提前完成当天的写作计划。两点钟，我正准备出门，低血糖发作，我才想起早饭午饭都没有吃。工作室里没有现成食物，看到桌子上有一罐小米，我赶紧煮了一点粥。等我不发抖再出门时，已经两点半了。遇到车不好打，还堵车。师母问我何时能到，说她临时有事要出门，只能够等我到六点。那时我才意识到，自己出门时就应该和师母先联系一下。狼狈地赶到师母家，已经五点。与师母和老师聊了半个小时，我就与师母的钟点工一起离开了她家。这种"顾此失彼"导致的失礼，迟到这么久是第一次，还有两次是好些年前约好去师母家却临时失约——我与先生两个人性格极不投合，各忙各时相安无事，能享受婚姻中难得的自由，一旦要共同完成一件事，尤其是与人际交往有关，我们十有八九会撞墙。两次都因为说好一起去师母家，临出门时吵架到无法出门，只好失约。

为了减少"约定"的事情出风险，我有时候会"不约而至"去看师母，碰得上她在家且有空就当运气，碰上她在家但不方便就当快递，碰不上她在家就当散步。

师母的家在圆明园东门附近的交通要道上，以前我上班时天天路过那条路并不觉得需要天天去看他们；后来出门次数变少了，路过那里一次就想去看看他们。十次犹豫中，有一次我就会直接前去按门铃。我想起师母曾经送给我小茶壶、洗衣液等小东西，既让我感到亲近又没有压力，我就带了两只新鲜的早餐面包去按门铃。想不到师母到楼道里来见我，说温老师在客厅接受电视台采访（隔了一段时间，温老师有事找我，电话里他先说抱歉，说上次你来了都没有进家门）。那是下午四点左右，盛夏高温，也不能在小区散步。我和师母因互相询问近况，就说起我们各自已故的父亲，我没有忍住眼泪，师母的涵养比我好，她的声音也有些哽咽。与师母交往多年，她是施恩者，我是受恩者，彼此是师生关系。是死亡，是已故至亲，短暂地把师生变成了朋友。

师母的老父亲深得儿女孝养接近百龄去世之后，师母还是病了一场。在山东出院回京之后，我打电话才知道她病过，说去看她，她不让。过些日子，她发短信约我第二天去她家，说目的有两个：一是水管工到家修理，温老师不在家，让我陪陪她；二是要给我一些阿胶。又嘱咐我，不要带东西上门。

我当时正处于重感冒中。用三四种偏方努力治疗，又放下手头所有事情卧床休息。我和先生商量，如果明天感冒还没有大好，他就去师母家。但我希望自己好起来，想去和师母说说话。到了下午的时候，师母来短信，说水管工因事爽约，推到第三天下午两点。第三天我的感冒好了。我空着双手去了师母家。路过花店时，想给师母带点鲜花，但我希望师母下一次有事情还会叫我，宁愿空手而去。

我们坐在客厅里，徐徐缓缓说话到七点钟。师母吃中午的剩饭，我告辞回家。回到家我也不觉得饿，不想吃饭。又想起下午聊天，师母说记得有一次，她做的饭菜不好，有些简陋，我还吃得很开心，她事后一直心里过意不去。我完全想不起她所说的是哪一餐。我记得的总是可口的丰盛的。年轻时候，我在师母的厨房吃了多少饭啊。

那个时候，我不知道疲劳为何物，胃口总是好，常常坐在师母的餐桌上，温老师和师母已经放下筷子，我还继续吃，把圆桌上盘子里的菜都吃光才算数。现在，我已经趄过了我们初见时师母的年龄。二十多年的风华岁月，像一件衣服，一颗一颗掉光了扣子，变成一件纪念物。第一颗扣子掉下时，我暗自决定如果送师母鲜花，就送她一个可以直接摆放的小花篮，以免劳累她插花洗花瓶；第二颗扣子掉下时，我暗自决定师母再留饭要坚辞不受；第三颗扣子掉下时，我暗自决定去看她时尽量谢绝喝茶，以免她辛苦收拾茶具。这大约是我自己的切身体会，正因为我并非懒人，但有时候会累到五步之外就有水，却宁愿忍渴，也无力去取。一位女友四十岁，一向讲究穿着，有一天她的旗袍脱线了，拿起有线的针就缝，女儿见了说，颜色不对。她说她没有多余的力气再穿线。女儿就帮她换线缝补，缝好了，女儿说，针脚不够整齐要不要重来？

讲究需要很多东西，包括气力。付出、报答、接纳、享受……人间种种美好之事，都需要气力。有时候，一桩罪恶没有发生，也因当事人没了力气。买房贷款的人知道，除了个人信用、法律这些保障之外，一个人的偿还能力更重要。银行考证一个人的偿还能力，很重要的一条就是这个人的年龄。

想起刚上研究生时，北大本科上来的同学就问我："见过你那珠圆玉润的师母了吗？吃过她那芳名远播的几道名菜了吗？"这话语，仿佛还刚响在耳边呢，师母已经老了，我也可以背着她悄悄说自己老了。师母人好，年长我二十岁，我遇到她时，已有些晚，自己的处境又难。在老师和师母的壮年岁月，我无知无畏，依仗着自己有记忆力支持的忠诚感，认为自己不会是忘恩负义之人，就在真实的人生处境中，长时间依靠着他们的恩情。尽管我暗下决心要有所回报，然而，岁月让一切水落石出，才发现有恩难报。说一句"结草衔环待来生"，恐怕也是自欺欺人。

想起"仁者乐山""靠山吃山""恩重如山""愚公移山"这几个耳熟能详的词语，都有一个"山"字。如果早知认得"山"字有多难，我是否会量出为入，活得更加本分？转念又想：人生最难"早知道"，有些事情压根儿没有"早知道"。站到了山顶，才知道山下是什么样子，在山下时，看得见的却是山顶。经管大师查尔斯·汉迪似乎说过，当你知道一条路该如何走时，已经不需要再走那条路，或者是再也无法踏上那条路。

4

朋友说："师母与你之间，也不只是恩情，还有友情。不然，怎么能一聊天就是五个小时呢？水管工在那里修管道的时候，你们聊了些什么呢？"

那段时间，是师母晚年生活中，很有挑战性的一段。老父亲去世后，她在家里随时随处都能想起老人家生活在她家里的情形。她追悔老父亲临终那天，她本来在父亲身边照顾，因为要和妹妹一家下楼去吃饭，老人家就挥手让她去吃饭。就在她离开父亲身边很短的时间，老人家就走了。过后，她就想，老父亲挥手，究竟是让她离开还是留下呢？手掌的摆动一前一后，的确可以有歧义，我也无法劝慰师母，尽管我内心觉得多半是老人让她去吃饭，但悲痛让她自责，只好让那个误会保留着。师母也遗憾清明节期间，她病得不轻，没能和家人一起去给老父亲扫墓。师母说，从小她就与父亲的关系特别好。

那段时间，恰好温老师特别忙累。他是《义务教育语文教材》（部编本）总主编，经常出差去各地与一线教师交流，给全国教师做培训，不时还要去教育部和中南海开会向主管领导汇报进度。在家里则是夜以继日天天赶工，体力、心力消耗太大，大脑停不下来，一度要吃安眠药才能睡着。温老师像一个战士在一线作战的时候，正是师母最需要安慰和陪伴的时候，但她却不能随便找温老师说几句话，怕打扰他工作，本来就担心他累坏，除了替他"减负"，更不能给他增加任何其他负担。因为日常往来密切一些，我多次碰见师母替温老师"减负"的事情。记得她家刚买完房子，很大一笔债务在身，温老师的一位同学因丈夫去世，要找他借几万元，师母就去帮忙借来再借给温老师的同学。另一次，温老师的一位博士生丈夫去世，在成都举行葬礼。温老师不能脱身，问我能否替他去一趟成都，代他安慰那位学生。随即，师母就用手机把一笔钱转给我，让我路上用。

那天，刚开始聊天的时候，师母说，因为在家里说话少，她就和女儿在微信里交谈，她会给女儿编写笑话，自娱自乐，防止老年痴呆，也让女儿开心。她笑着抱怨温老师是工作狂。她说："能不能轻松地过几年，人能有多少无牵无挂的好日子。"她又遗憾年轻时候，因为陪温老师到广东工作，只好把女儿留在北京，由妹妹代为照顾，在女儿小时，她们彼此都失去了母女在一起的亲密时光，那种机会再也不会重来。不过，后来一家人团聚在北大也有一些趣事。她在经管学院上班时，曾把腿摔断了。同事们为了给她解闷，就陪她一起玩"捉三尖"。有一天，多玩了一会儿，回到家，刚进院子，就看见温老师带着女儿趴在窗户边，鼻尖贴着窗玻璃，等她回家给他们做饭吃。

那天，师母还分享给我一些在家务方面省力的好办法。比如买那种可以直接放在洗衣机里整洗的被子，就可以省去拆被套装被套的麻烦。我不仅学了一招，更高兴师母能减轻家务负担。记得以前，温老师家的亲戚来，师母连钟点工也不要，一切都自己亲自来，就为了把大姑小姑以及外甥们照顾好。她还从北京到广东，照顾生病的婆婆。师母酷爱跳舞，赶去上舞蹈课，自己来不及吃饭了，但要把温老师的饭菜做好才离开家。我们做学生的，这些年来，很难约温老师出去吃一顿饭，忙是一个原因，还因为除了师母做的饭菜，温老师在哪里都吃不好。温老师时常会穿出一些颜色和式样别致得体的衣服来，令我和师姐们眼前一亮，要称赞他一句，温老师会笑笑说："王老师买的。"王老师就在旁边笑着问我们："好看吗？"

记得有一次，在师母上班时间，我打电话到北大经管学院找她，电话通了，立刻听到一句："您好，北大经管学院……"师母是北京人，发音圆润标准，优雅、礼貌的职业风度留给我很深的印象。

师母说起我以前主编的《启迪》杂志，说她很喜欢，每期都看。到了新的一年开始，她就坚持要自己订阅一份，还给广州的亲戚订阅了一份。过了五六年，我主编《看历史》杂志时，为了版式时尚美观而字体偏小，师母的眼睛已经不太方便看。我寄给她的杂志，师母说她总是保存在那里。

那天，我们还说起师母在镜春园喂养过的九只流浪猫。开始遇到一只挨饿的流浪猫，师母细心地照顾它。不知不觉，那只猫就领了好多猫来找她。后来是九只猫来吃饭。师母搬到高楼里住时，还特意骑车从蓝旗营去镜春园送猫食。等到流浪猫不见了，师母的家里又代养了女儿家的小狗。前几年，温老师刚退休时，狗狗是很生猛的，一见到家里来生人，就洪亮地不停吠叫。师母要费很大的力气，才能把它抱到里屋。到了里屋，它的声音还是从门背后传来。那天进屋，师母不说抱走狗狗，我都没有注意到它就在客厅。它已经老到无声无息，只有最亲近的人，才能随时注意到它的存在。

那段时间，师母在吃中药，每周都要去医院。我说可以陪她去，她说不用。我说，去了可以一起聊天，顺便看病。师母说："这样挺对不起我们的聊天。去医院，我自己去就是了。也许，偶尔我不得不麻烦你的时候，我会麻烦你的。要聊天，我们就找个好的环境，喝着茶，好好聊天。"

朋友听我讲了这么多，终于满足了她的"好奇心"。她觉得，加藤嘉一的母亲在她那里激起的情绪，已经在听我讲述师母的过程中平复了。她希望我也能够平复自己内心的某些敏感和纠结。她说：

"你看，我在电视节目里看到一个优雅的日本女性，我在身边找不到一个可以盖过她的中国女性。我莫名其妙地不甘心。而你当时立即就能想到你师母。这是因为，当年，你决心改善物质、情感、精神上的灰暗处境，找到一条向上的路，勇敢、果决地行动。因你上进、诚实、勤奋、不急功近利，在更远、更高的地方，你遇见了前程、美景和你师母这样的佳人。你又在后来体认到认得'山'字有多难。知恩图报是人之常情。但，任何事情都会过犹不及，或因'执着'生害。想想人生代代传，'山不转水转'。何不再往前一步，'花开见佛悟无生'。"

朋友的话，令我惭愧。想起"在痛苦的世界尽力而为"这句话，不敢懈怠。尽力成长、尽力报答、尽力贡献……

2018 年 8 月 5 日

曹操与西山

在她身上，我很少感到"女性的负面"。从身边各个年龄段的女性身上，我学习增加自己欠缺的部分；从她身上，我则学习如何减去自己身上累赘的部分，试图中和自己身上负面的东西。与夏晓虹老师认识往来二十多年，在她身上看到人我、表里、轻重、缓急、巨细、浓淡、冷热、远近、情理等各方面的平衡。在我眼里，于己于人，这都是难得的宜人的风景，如春如秋，春和景明，秋高气爽。

1

在讲究师生谱系的学者面前，我不能随意说自己是夏晓虹老师的学生。夏老师的入门弟子，有王风、余杰、赵爽等。日常，我们这些"外人"，称呼她夏老师，与称呼她夏教授是一个意思。她不是我的老师，也不是我的师母。认识她，是因为她先生陈平原教授是我所在专业的老师。我称呼陈老师为陈老师，也不随意说自己是陈老师的学生。有一次，在一个与媒体接触的工作场合，大家寒暄的时候，有人介绍说我是陈平原老师的学生，陈老师也特意解释说："她是温儒敏老师的学生。"

与老师辈中的亲近者，即使最初只是广义的师生关系，频繁交往多年后，也会像"多年父子成兄弟"那样成为朋友。汪丁丁先生的夫人李维莲女士，在我与她交往一段时间后，曾认真地对我说："我们是朋友，像朋友一样相处才好。"汪丁丁老师有很多年轻朋友，交往时间足够，他就会在文章或言谈中称之为"老友"。但在师生谱系上，他一样严肃认真。有一次，在社交场合，有人说我是汪丁丁先生的学生时，汪老师也特意补充说："她是我的编辑和朋友，不是我的学生。"

夏老师对晚清女性和女性文化深有研究，也被媒体视为温和的"女性主义者"。她对女性之间友情的认识，有更加宽、深的视野。在夏老师云淡风轻的气质中，突出的一点正是"友情的品格"。**她的淡定、洒脱、真挚、开放、率性、自由、平等、平易、平和等特质，与她多有交往，就能真切体会到**。不过，因为她事实上处于师者的位置，处于阅历的势能中，其平易待人的友情特质中，也遮挡不住她看似"驾轻就熟""举手之劳"的恩情。

研究生快毕业，我还没有找工作的意识时，夏老师觉得我适合媒体工作，就早早推荐我去见她的同学。她的同学又把我推荐给自己很好的朋友。尽管我没有在此处谋得工作岗位，但那家著名媒体的负责人见我文笔好，就邀请我开专栏。等我正式找工作的时候，那些连续刊发的专栏文章，对我也很有帮助。

毕业很多年后，我临时接受一本大型文化月刊的主编之职。当时情况特殊，团队也没有建设起来。主管单位给了我延期出刊的选择。但我不愿意工作打折扣，就去找夏老师。她亲自出面，几乎帮我组织了第一期杂志的大部分重头稿件，她自己和陈平原先生也亲自撰文帮我"救急"。

2

　　与关键时刻"靠得住"的仗义相应的，是多年日常往来，与夏老师相处的"放得开"。在有些地方，我摆脱不了拘谨。在夏老师面前，却能感到自在、轻松。

　　喝什么茶？她问一句。茶好了，她十指修长，递给每人一杯，自己手中也有一杯。没有殷勤的作风，甚至不一定周全。随意、自然、舒适，是她首先给自己的感觉，也把这感觉与你共享。常年都有的各种茶点，更多的是巧克力。打开了两三种巧克力盒子，摆在面前，简单介绍一下，她开始先吃。然后说，这个好吃，这个更好吃。递给你，让你自己拿。过一会儿，笑笑问一句，再吃？她身材纤瘦，没有发胖的压力。

　　有好些年，很容易去夏老师家里，看看他们，聊聊天。除了彼此住得近，更因为离开之后，回想起来，不觉得有压力。她呈现的常常是一种有弹性的状态，享受某些时刻的悠闲是她的乐趣，和学生、朋友见面是她生活很融洽的一部分。喝喝茶，吃巧克力，她是全心全意在那个氛围中，享受当下的一切。说话，也可以很随意，她那种宽心舒适、全心倾听的样子，很鼓励人说话；也不担心超越什么边际，如果真有什么不妥，她和陈老师一样，要么是真心包容了你，要么会温和而直接地指出来，提醒你。她似乎不是那种有兴趣"腹诽"别人的人。好与不好，都在明明白白的地方，让人安心。

在这种交往当下和交往前后的安心中，还有一些"小物"闪现在回忆中。除了有特色的"夏式茶点"，还有各式各样的"夏式小礼"，比如有自制的酸奶或者自制酸奶的菌苗，有春节前的水仙头，有风味茶，有她签名的著作，等等。有一次，她托人带给我一个小礼物，特意用一个咖啡色手提纸袋装着，纸袋上印着"赵小姐的店"几个字。这是一种信手拈来的"讲究"，颇有一点轻快的趣味。这正是夏老师的风格之一。

有时候会在夏老师家吃饭，她下厨做饭，按就餐人数一人一个菜的标准，不多不少。如果在饭店吃饭，多余的食物也会打包，不知不觉，打包饭盒就被她帮忙提在了手上。有一次陈老师生病住院，我约好中午去医院探望，正在想，不知道带点什么东西对病人有用。恰好夏老师就在微信里给我留言，让我给他们带一顿午饭过去，米饭和蔬菜都软烂一点，宜于病人消化就好。我一下子感到解了围，十分轻松，拿起电饭锅就去焖米饭。

与其说夏老师"热情""亲切"，不如说她"随和""真挚"。对人，她不称斤论两，不随意评判。她能在骨子里温厚地尊重人，不妨碍他人内心的自由感。这种自由感，犹如清新空气，遇到过雾霾才更觉可贵。如果一个人想起另一个人，就想到难逃这个人在心里、在背后的言语刻薄或指手画脚，心里怎么会愉快呢？与夏老师相处，我就会反省自己是否是一个随意的评判者，是否有"控制欲"。夏老师从骨子里给予人尊重的温厚，我希望学习，希望自己被别人想起的时候，不觉得是一种压力或者障碍。

3

我眼里的夏老师对他人的一面是仗义、温厚、真诚，对自我的一面是随性、自在、能享受点滴美好。

看过夏老师很多照片，是她在世界各地的留影。在日本的酒馆里，她坐在那些学者中间，朴素从容的样子。照片上的她，与生活里一样，是真实的、自然的、满意的、享受的。在一些细节里，流露出她的单纯、天真甚至偶尔的羞涩感。在那羞涩感里，她待人接物的状态，仿佛一双干净的手全然摊开手心朝上，是接纳的、坦诚的。

某年夏天一个上午，我回到北大转了几圈。走到一教时，我想起王德威先生的那次讲课。又想起陈老师和夏老师。想起有一次夏老师在学生的毕业聚会上高兴得喝醉了酒。陈老师当时好像在法国。我就往西三旗他家打电话，看看夏老师是否在家。她一接电话，我就问她吃午饭没有？当时已经快一点了。她说没有呢。我说，那我过去和您一起吃饭吧，陪您喝点酒。她愉快地说："好啊——"正好一辆出租车路过，上车就去，一路畅通。喝酒说话间，我问她："什么样的时候，在您眼里是幸福时刻呢？"她说，有一次，她和陈老师在欧洲期间，一个雨天，他们没有目的地去法国南部乡村游逛，在途中走进一家小饭店打算吃点东西。前后似乎就那一家店，走进去，很干净别致，有个很长的桌子前，围绕着一桌人，正在举行婚礼，桌子上有鲜花、酒，和长长的面包。她说，类似这样的时候，就觉得很幸福。她说着，我就想起她曾送我一个从欧洲古堡买回来的金属书签，像簪子一样。我们坐在菜馆的二楼，黑色漆的木地板木桌子，午餐高峰过后人少的店堂里，洒满阳光。我们各自面前摆一个啤酒瓶，大概两个小时后，她说下午备课不多喝。我随后也去单位上班了。

4

在我眼里，夏老师对人生、对命运那种有定力、能洒脱、更温柔的态度，对我也是一种有助益的影响。

夏老师的人格气质或者气度，在女性身上，并非比比皆是。夏老师生于夏至日，随母亲姓夏，她的姓名就在母亲的姓名中间加一个"晓"字，上有一个哥哥，下有一个妹妹。按照中国传统文化理解，"至"为顶点，顶点也是转折点。冬至转春，夏至转秋。在我见到的夏老师身上，没有"三伏天"，没有"秋老虎"，从初见她打第一个招呼时的微笑开始，就是秋高气爽的样子。

为人如和煦春风，或如秋林一样"幽怀果子美"，自然是利己惠人的。然而，这样的人格养成有什么样的成长线索可循呢？

看了有人写夏老师父亲的文章，才知道，夏老师喜欢喝酒大概与她父亲有关，或许有家族遗传，或许是家庭生活熏陶。从她父亲留下的诗歌中，还能看到她父亲的一些精神气质留在她身上的明显印记。

他父亲是去过延安的知识分子，是一位诗人和资深出版人，是一个"爱喝酒，量不大"不醉酒的"微醺"饮者。老友说他"憨厚耿直、吃苦耐劳""人老了，还像个不懂人情世故的儿童一般"。他夫人也说他"老不懂事"。他赞赏白居易的两句诗："死生无可无不可，达哉达哉白乐天。"

我曾去过夏老师父母在东直门的家，那个时候，夏老师的父亲年已八旬，由一对住家的护工夫妇照料日常生活。记得那次夏老师给父亲带了一些外地特产，仔细叮嘱护工怎么给老人家吃用。陈平原老师则与岳父很亲近地说话。当时谁都不知道，老人家将在八十五岁辞世。

那时，我对夏老师的父亲还一点都不了解，只是看见一位家庭中的老者，在与自己的晚年为伴。白居易写过他人生最后五年的生活："或伴游客春行乐，或随山僧夜坐禅。二年忘却问家事，门庭多草厨少烟。"诗人打算变卖家中薄产度日，"半与尔充衣食费，半与吾供酒肉钱。吾今已年七十一，眼昏须白头风眩。但恐此钱用不尽，即先朝露归夜泉。未归且住亦不恶，饥餐乐饮安稳眠。死生无可无不可，达哉达哉白乐天。"

关于夏老师的父亲去世，我也留下一点记忆。那天，正好去她家，没有见到她，只是见到重感冒的陈平原老师。他说，夏老师父亲去世了。陈老师又说他重感冒三天了，已经三天没有读书了。我记得时间大概是2004年的十二月初——十二年后，我父亲去世——当天是"读书节"，整个上午，我都在夏老师家里。

也是那天，我在她家沙发上随意翻一本叫《怀念集》的书，看到她父亲写的一首诗《漂泊之歌》，有几句是这样的：

我似海中的鸟

宇宙是我家；

我似流水里的落花，

随波到海角天涯；

…………

这些诗句是平易的。他写的另一首《天鹅》则有更别致的句子，如：

那白色的羽翎，旋转的腰，

那玉兰花的面容黑色的眼，

仿佛秋空的星星，初春的花苞。

…………

2018年四月初，与朋友一起陪同夏老师陈老师去近郊旅行。朋友开着车，我与夏老师坐在后排座位上。看着窗外的春雪和春山，我们随兴交谈。一路上，在风景点或者饭桌上，我们说过很多话。其中，夏老师说的两段话留驻在我心里，令我时常回味。其一，她说，往东边走，看到的山，没有北京西边的山好看——西边的山，连绵奔放、更有个性，更有气势。其二，她说，小时候读《三国演义》，她喜欢的是曹操。

2018 年 9 月 7 日

幽香闻十里

读钱理群先生著作时，在一本书的后记里，他说自己刚得过一场病，要感谢夫人崔可忻对他的照顾，对他学术工作的大力协助等。这是我第一次知道"崔可忻"这个名字。

钱理群先生是北大学生评出的"十佳教师"之首，是名满天下的著名人文知识分子，是我们这个时代得人爱敬的学者。在"芳誉亘千乡"的钱老师身边，"幽香闻十里"的崔师母，并不只是名家著述后记里被一个人深深感谢的夫人。

1

第一次见到崔师母是在她燕北园的家里。夏天，家里空调开到27度，师母穿着一套荷叶灰的真丝裙子，身材苗条，五官秀丽，头发灰白，发型讲究，姿势优雅。

我忍不住说："师母，好漂亮呀！"她笑着说："都老太太了。"她那种毫不矫情的谦虚和大大方方接纳赞美的态度，令人感到舒适。

那是我读研二时的夏天，崔师母给钱老师买了一套语音录入设备，需要有人安装好并告诉钱老师怎么使用。我先生当时在北大计算中心工作，偶尔帮助师友们解决一点电脑方面的问题，我们就到了钱老师家里。

先是崔师母向我先生交代电脑要处理的事情，我就和钱老师说话。电脑安装好，我先生陪钱老师练习使用的时候，我就和崔师母到厨房去聊天。到了厨房，崔师母指给我看厨房里写得工工整整的一份菜谱，我不明白那是什么意思。师母笑着说："昨天不是就说好你们要来吗，我就写好了今天我们要吃的食谱，已经做好了各种准备，有一道难做的菜，昨天已经做好了一半，你看——"

师母指给我看那个半成品小排骨的时候，我惊讶于她做事的精细、讲究。

我注意到她的厨房与整个家一样，清爽、整洁，像一个眉清目秀的人。师母开着电锅和两个灶火娴熟地做着食物，流畅地与我交谈，我感觉她的状态既是静的，又是动的，似乎是眼观六路耳听八方的，似乎又是如如不动的。她偶尔让我到厨房一角的冰箱里去帮她取某样东西，由于冰箱极为整洁有序，师母的指示明确简洁，我比在自己家冰箱找到东西还快捷。

很快，丰盛的晚餐摆上桌。钱老师很享受崔师母做的可口饭菜。他招呼我先生吃菜，与他一起喝饮料。师母一边吃饭，一边给我讲，她在什么超市采购，什么东西好，都一一推荐给我。

饭后，和师母坐在客厅里喝咖啡，吃各种各样的果点。一边吃，师母一边笑钱老师书房传来的声音。我也忍不住乐起来。钱老师正在一板一眼地按计算机声音录入设备的要求在那里大声朗读，语速要求很慢，特别好玩。一会儿，师母又拿来好多漂亮的小毛巾，让我在吃东西的过程中擦手。

吃完东西，我们又听了崔师母弹钢琴。看了她的一些工作照片。她不仅以美食招待我们，还以这种分享的方式，雅致地陪伴客人，尽管我是她的学生，本可以很"随意"相处。

那天走的时候，钱老师主动借给我很多书，希望有助于我的毕业论文写作。我主动提出要给老师留下借书清单，钱老师一连声地说："不用、不用、不用。"我就对崔师母说："师母，这么多书，不能很快归还，给老师留个清单，老师万一急用的时候，也知道这本书在什么地方。"师母赞同我，找来一个本子，我就开始一本一本登记起来。这个过程中，我暗想，钱老师是那种把心都能掏出来给别人的人，幸亏身边有崔师母这样照顾体贴他的人，才能让他有可能"保存"自己，作为一种"善"继续存在。

后来去还书的时候，我问崔师母，语音录入使用情况如何。师母笑着说，没用，钱老师放弃了，还是要她给他打字。那天，钱老师题名赠送我先生和我一套他编的《鲁迅作品全编》，在签名时，我注意到他写的是"崔可忻钱理群"。崔师母的付出尽管很多外人看不见，但钱老师对这份付出的珍惜和感谢，却从这个签名顺序表达出来。

2

崔师母和钱老师从燕北园搬到枫丹丽舍那些年，我去过他们家几次，有时候是因为出版工作找钱老师，有时候是与师姐一起去采访钱老师。崔师母见面时会问我："你怎么这么久不来呀？"我说，孩子太小。她说："你可以带着孩子一起来呀。"

如果不是因为钱老师写作需要安宁，我想，我是有勇气带着孩子去打扰崔师母一两次的。因为崔师母并不只是一位会弹钢琴的烹饪高手，以及钱老师的完美太太，她还是一位资深的儿科专家，我看到过她在学术会议上发言时风度翩翩的照片。在我的孩子被误诊为重度听力障碍，我感到非常绝望的日子里，崔师母也是深切关心我的人之一。她的关心带着专业的跟踪判断和建议，给我莫大的安慰。她忙完一天，会在晚上九点钟前后给我打电话。那时刚好婴幼儿已经入睡，也是忙碌一天的母亲入睡前整理自己的时间。她电话里的声音也是一种清新、整洁、秀丽的状态，开始和结束都是亲切、干净、利落的。

与她打交道，永远在事后留给你一段"眉清目秀"的心境，即使你自身处于糟糕的状态。

孩子逐渐长大，我终于方便"脱身"，正想着，以后可以多去看望崔师母几次时，因为年事已高，她和钱老师却搬去了养老院。知道钱老师去了养老院，依然保持着不亚于年富力强者的写作状态，知道他分秒如金，我常常犹豫是否去打扰他们。有一次陈平原老师告诉我说："钱老师那里你可以去，崔老师前几天还给我们打电话，说欢迎一些学生去看老钱，让老钱能够休息一下，不然，他整天都坐在那里写作，对他健康不利。"我就让先生开车，带着儿子去了他们的新家。

我的先生和儿子，如果是去师友家里帮忙解决什么问题，他们能够大显身手。但他们并不长于言谈。幸好，钱老师与我说话的时候，崔师母就与我儿子谈论弹钢琴方面的话题，与我先生谈论软件和电脑方面的事情，以及她自己正在做的学术课题。回到家，我先生告诉我，崔师母依然在做一个研究课题，是帮助原单位做的，她虽然退休了，还要她帮忙。崔师母说，课题有一小笔钱，她自己跑到中关村去买了一台电脑，自己去买软件，回来自己安装，出了问题，自己解决。显然，她乐在其中，她已经是一位电脑专家了。她说，在中关村还老有人向她这个老太太推销盗版软件。

那次见面很愉快。过了一年，我又与先生两人去看望崔师母和钱老师，并受邀与他们一起在养老院食堂共进午餐。师母私下还对我讲，家中来了更多客人时，她如何在饭店招待。分别前，崔师母说：她母亲原来对她说，人过了八十岁，真的很不同。她自己过了八十岁，就相信母亲说的话了。我很想听她展开这个话题，但我们站在电梯口，师母没有接着往下说。我看着她身上那件象牙黄的真丝提花裙子，在电梯口的光线下格外漂亮，就说了我的感受。师母说："哪里呀，我妈总说我不讲究。"以前也听闻师母出生在上海的大家族。我想，在崔师母身上如果还能挑出刺来的话，那该是一位怎样讲究的母亲啊。我多么希望有机会听听崔师母讲那些昔日年代的祖母、母亲们的故事，以及她自己的故事啊。钱老师有等身的著作，从中我们能够阅读到家国历史，以及时代的思想。但，崔师母这样贤德、智慧、优雅的女性，在现实中如此稀少，我们对她却知之甚少。更多的女性历史，好多血泪被冲洗了，美好的一面也锦绣成灰、暗香成尘了。

见面那天是中秋节，师母约我过一周，趁着中秋节后的好天气再去玩。她主要希望我们开车带着钱老师去周围的山水间转一转，让他得到休息。她总是担心钱老师工作过度劳累。我和先生何乐而不为呢？我期待约定的日子早点到来！然而，中间我收到钱老师的邮件，说中秋节以来，访客太多，他比较累，让我们先不要去了。

就是收到那封信的时候，我开始追悔，过去，有更多机会的时候，错过了与崔师母钱老师的相处机会。

3

回想与崔师母不多的交往，有些细节难以忘记。

徐志摩说"不带走一片云彩"，在有些人面前，我会自卑到"不敢赠送一片云彩"。因而，我常常羡慕那些敢在餐桌上给客人夹菜的人。但是，我又真心想为崔师母做一点"节省体力"的事情。想到第一次送的水果，钱老师执意让我随车带回家，说他们年纪大了，也吃不了。所以，第二次去，我想出来的可笑的办法就是——给他们带几桶矿泉水和纯净水。崔师母这次"笑纳"了。她看着我微笑的样子，让我感到妥帖。她说："我现在很会想办法，在网上下单，买西瓜就会有人送上门。钱老师的呼吸机、我用的纯净水也有人送上门。"不知为什么，她随口那样两句闲聊，我就明白，水，她的确用得着。但以后，也不用带给她水。我猜，她说的纯净水，一定是那种500毫升左右一小瓶的。接着，在钱老师签名送给我书时，师母又说："你以后也把你写的书，送给钱老师吧。"

就这几句话的随意闲谈，崔师母似乎给我支了招——以后去看他们，什么都不用带了；崔师母似乎也给了我激励——你要好好写作；崔师母似乎还含蓄优雅地替我在钱老师面前表达了我自己不善于表达的东西。

我之所以能够"听出"崔师母一句闲话里这些意思，与我和她相处时，通过一些细节对她的了解有关。与她多一点接触的人，也能像我一样"读懂"她。

比如下面两件小事。

我认识一位高端经管刊物的主编，是一位谦谦君子，待人接物正派周全。有一次搭他的顺风车回家，一路闲聊。他说，他住的小区不错，就是有些偏，对于孩子和老人来说，交通、医疗都不太方便。我问详情，才知道他恰好与钱理群先生住在同一个小区。我想，崔师母和钱老师年事已高，俗话说"远亲不如近邻"。我说起钱老师崔师母的楼号和单元，请他先注意一下具体位置，万一有需要我会找他帮忙。这位朋友也很敬仰钱老师，表示十分乐意为这位长者做点力所能及的事情。随后，我去钱老师家，与崔师母在厨房说起我这位朋友。我说："师母，我有一位可靠的朋友，是您的邻居。很乐意帮您和钱老师做点事，万一有急需用车什么的，您给我打电话，我来替您联系。"崔师母叫着我的名字，然后说："我知道，你就是好心考虑我和钱老师。放心，我会安排好的。一定不必麻烦你的朋友，你也不要再记挂这件事。"

另一件事是崔师母帮助我解除了一个误会。那天，我在厨房看崔师母给客人制作冰咖啡。一个等待的间隙，师母问我："在钱老师不同意的情况下，出版社继续挂名钱理群主编某套青少年读物是怎么回事？"她说钱老师很生气，不过已经气过了。崔师母说："我觉得还是要问你一下，因为我们之间这种关系，不是外人。"幸好师母问我，否则我哪里有解释的机会？我甚至都不知道这件事。之前，我给同事帮一个忙，联络了当时在国外的钱老师，说了想请他主编一套青少年读物的事情，钱老师明确回复他没有精力亲力亲为就绝不能挂名出书。我明确告诉了那位同事。但那位同事做事心切，我行我素，依然向上级打报告以钱理群做主编的名义推动选题。钱老师知道这件事，自然会生气。我却对后来的事毫不知情。

在我与崔师母的所有交往中，这件事除了令我感动，也启迪我思考：一是对待亲近的人，要像崔师母那样怀着珍惜的善意"求真"，这样的"求真"，对涉事的任何一方都是有益的；二是在帮助别人时需要谨慎一点，不要连累自己敬重的人，还让自己遭受不白之冤。

4

从我内心，很希望有更多机会与崔师母钱老师相处。然而，"在你爱着的地方一定也有别人爱着"，希望与他们有更多机会相处的人恐怕太多。我只好怀着"自知之明"，从与他们更亲近的人那里常常探听他们的消息。

我的导师温儒敏先生曾说："钱理群夫人崔老师是极聪明的女子，知人论世都是如此。对钱老师的照顾也是无微不至。"另外一位在我眼里很难找到瑕疵的北大年轻女教师，也曾对我说，崔师母是她的人生榜样。这些话，引起我更深的神往和遗憾。我与崔师母过去的交往太少，未来交往的机会更少，就像一本珍稀的经典，我错过了太多篇章。怎么办呢？那就多多去读钱理群先生的著作吧，在那些字里行间，除了钱理群先生的赤子情怀，也闪烁着崔可忻女士美慧生命的吉光片羽。我深深祝愿崔师母和钱老师身体健康，长久地温煦着这个世界，让我们觉得人生多一份美好。

2018 年 9 月 12 日初稿，2019 年 3 月 13 日修改

花园里的女主人

　　研究生毕业工作几年后，我认识了她。她是那种通体友善的人。我猜，她会把到她家的人都当朋友。除了以朋友的姿态待人接物，我想不出她还有其他姿态。到了她的年纪，在她的位置，她无须仰视任何人。以她的阅历，以她的品性，她不会俯视任何人。以她的处境，以她的心境，她更难有看不顺眼的人和事。"我见青山多妩媚，想青山见我亦如是"，很适合用来表达这位女性与人生、人事、人人"为友"的状态。一个人，还不认识她的时候，就已经是她的朋友；即使她记不得你，你也依然愿意视她为朋友。她姓翟，把她先生梁小民教授称作梁老师的很多人，都会称呼她为翟师母。

1

　　我认识翟师母，是因为梁老师。

　　梁小民先生是资历很老的经济学家。他被誉为"中国普及经济学第一人"。他又是读写大家，他的书评和著作，都是出版社欢迎和期待的。在我转行做出版的时候，有幸得到梁老师的支持，因为工作，经常与他打交道，好多时候，要登门打扰他。

第一次见到翟师母，是在梁老师工作的北京工商学院的家里。只是一个短短的照面，她是我见过的少有的娇小女子，但有一种硬朗的气质。后来多次去她家，为书评或者书稿，来去匆匆，没有机会与翟师母说话。但是，她的友善，尽收眼底尽留心底，让人牵挂、留恋。

2

第一次有机会与翟师母尽情交谈，是认识她好几年之后。

那一次是去她家别墅，有大半天充裕的时间。翟师母先带着我参观了她的新居。整栋楼，上下四层的每一个功能空间，多种色调的和谐使用，细节的讲究，留给我很深的印象，翟师母真诚、宁静的介绍和分享，她的言语、姿态与她所享有的幸福生活的融洽感，留给我更深的印象。

随后，翟师母带我去看她厨房落地窗外的花园。等她带上帽子和太阳镜，我们换上鞋，从台阶走下去，从第一棵树开始，翟师母给我讲这个花园的故事。她说话的声音细细的，句子短短碎碎的，听起来，像吃刀功很细的菜，不费咀嚼，入味很深。

她说，她喜欢她的花园四季都有花果，她就选择春夏秋冬各有所长的树，凡是她自己去买的花木，她不管价钱，只挑最好的品种。但等不及她一一去买，就有这个送那个送，她的花园各种树都有了，她就不问树种是否名贵，都好好养着它们。

葡萄，枝干都掉皮了，有人说要死，让她刨掉；她不刨，管理管理，今年就结葡萄了，还很好吃。

石榴树，枝叶都蔫了一半了，她也舍不得刨掉，后来活过来了，发了枝条。

柿子树也是，树根被铁锹铲掉了一块，留着，也没有死。

那两棵杏树，是她买树种的时候，卖苗木的人说，这是要扔掉的没用的两株苗，问她要不要。她想到自己家花园有地儿，给两棵苗一个活的机会吧，带回来，种下了，今年开花了……

我听着听着，种种画面浮现在脑海里。看到丝瓜架上结着的长长的丝瓜，地里躺着的大大的瓠瓜，心想，这真是一个有福气的女人哪，这个女人的福气，从她与植物的故事里，似乎能够窥见一二。

3

我们回到阴凉的屋子，坐在翟师母厨房里长长的西式餐桌边喝茶，面对花园那些高高低低的树，那些花和果，我们闲聊着。

翟师母告诉我，家里的装修是儿子带着他的装修公司亲自做的。

儿子和女儿对她和梁老师特别好，兄妹互相也很体贴。兄妹俩把新家什么都弄好了，父母过来住就是了。就在父母的独栋别墅旁边，还有一栋同样的别墅，就是兄妹俩的房子。翟师母在两栋房子之间来来回回，有时候照顾梁老师，有时候与儿孙们在一起。

看到孙儿孙女们，翟师母常常会想起儿子和女儿小时候的事情。兄妹俩从小就很要好，从前他们一家在东北的时候，日子很艰苦，兄妹俩就学会了互相帮助。翟师母说，儿子小时候在东北患上森林中毒病。当时，梁老师一位同事的孩子得了奇怪的病，发烧昏睡，梁老师就为同事忙去了，把自己的儿子扔在马棚里，没顾上管。等把同事孩子安排好了，回到家，发现自己儿子得了一样的病。也好，恰巧遇到巡回医疗的专家，就一起治好了，不然，孩子也就没救了。女儿小时候，做母亲的顾不过来，就把她托给人带，结果从很高的地方摔下来，高烧好多天，差不多也是捡回一条命。

凡是有点阅历的人，尤其是为人父母的，听到这样的事情发生在孩子身上，都知道在当时的情形下，那是惊心动魄的难关。翟师母说起来，也是真诚的、宁静的，她的言语、表情，与她曾经遭遇的苦难之间仿佛早已形成一种融洽共处的氛围，不见丝毫的怨天尤人。

翟师母还告诉我，她从小身体就不好，一度到了自生自灭的边缘，后来好过来了。结婚之后，也是很久没有孩子，再后来，儿女两个都来了。除了生点病，两个孩子就没有在其他方面让她操心过，学习更不用说，她从没有要求孩子们当第一名，都是孩子们自己学。

　　与翟师母一起出去吃饭，翟师母走路轻轻的，吃饭吃得少少的。从那次交谈之后，再见翟师母，到告辞的时候，彼此拉住手，又慢慢放开。她脸上保持着亲近的、蔼然的微笑，说欢迎我再去。走到稍远处，停车的地方，我再回头，翟师母还站在那里。高高的房子前面，一个娇小的女子，暮色里看不清样子，只从体态的轮廓，无法猜测她的年龄。

　　有一次，一位同行者告诉我，他认识翟师母很多年了。他说："别看她那娇小瘦弱的样子，她可有一颗猛虎般的心，如果有谁要伤害、为难她的先生、孩子，她就会一跃而起。如今，他们过着安全、富足、美满的生活。梁老师以自己的才能给他的家庭创造了足够的物质财富，翟师母则以温柔强大的母性，成为给这个家庭幸福的灵魂。"

2018 年 9 月 17 日

师姐，师妹

　　学中文的女生多，这是众所周知的。考上中国现当代文学研究生时，我最先见到的师姐李宪瑜对我说，她考上硕士研究生那一年，大家就希望我们的导师温老师能够招收到男生，平衡一下"温门"学生的性别比例——她的前面除了一两位师兄，几乎都是师姐。所以，大家就把她叫作"招弟"；第二年，招来的是我的马越师姐，大家就把她叫作"唤弟"；第三年，我来了，她们一看还是师妹，不知该叫我什么了，我说，叫我"得弟"吧。接下来，我后面两届硕士就有了蔡可、张智乾两位师弟。我毕业那年，清华男生姜涛也考到温老师门下读博士。后面师弟、师妹多起来，似乎性别也就比较平衡了。

　　师门聚会，不同届的同门才有机会互相认识。认识之后，如果有别的机缘，就能互相熟悉。

　　我在毕业离校之后，慢慢熟悉起来的有师姐陈改玲、丁晓萍和师妹天舒、王帆。从这些熟悉的师姐、师妹身上，我颇有所学，十分感念。

1
真诚与大气

拿到录取通知书以后，距离九月入学还有几个月，温老师就介绍我与师姐李宪瑜先认识了。那个时候，我先生在河北徐水做清华大学实验室的项目，师姐的毕业论文有关白洋淀诗歌群落，要去那里采访，我与她结伴到了我先生的"据点"，又一起去白洋淀。各种相处细节，都十分顺畅自在。看到饭店招牌上有特色菜黑鱼，师姐兴致勃勃，我也与她一拍即合愿意品尝一番。那道菜乏善可陈，买单时才知道挨宰不轻。不过，毫不败兴，只是印象深刻。短短的过程，我在师姐身上看到单纯、朴拙、大方、轻盈。我确信与她在一起，坏，不会更坏；善，不会被恶所毁坏。

在我与孩子遭遇挫折的时候，师姐来看我，她给孩子买了一套衣服。她那时候还没有孩子，也没有见过我的孩子，但比我这个做了母亲的人更会买衣服。那套衣服颜色样式雅致，面料的亲肤感很好，穿脱方便，也是孩子最愿意穿的一套衣服。尤其那条裤子，拉锁处对男孩的保护十分周全，腰的松紧有几档可调，裤子有备用加长的裤腿。显然，那不是一条便宜的裤子，师姐的首要用心也不是节俭，而是方便母亲，以及带给孩子穿衣服的魔术趣味。如果不是那一套衣服，诗酒风雅的师姐，这位女博士身上，母性与童心细腻结合的一面，我万难窥见。比这套衣服更厚重的礼物，是师姐在我刚当母亲处于挫折中时，总在电话里激励我。至今记得，那个春天的夜晚，她对我说："这个孩子，把他以后的罪都受完了。"

在特殊的心境下，师姐那笃定沉着的语气，传递给我的慰藉是难以言说的。

最令我喜欢、追慕的是师姐做事为人的常态。做事，她认真到骨子里，那骨子里的认真藏在自己的骨子里，不兴师动众惊扰他人。那是树木结果子的风格，日光夜露中，静静地凝聚，暗暗地成熟。她的为人呢，却是花开叶茂的风格，有真诚的善意，安然的姿态，超然的趣味，幽默的氛围。她不是带刺玫瑰，也不是绵里藏针，她是梅兰竹菊中的任何一品。人们向往的处世境界：不随意评判他人，不受他人影响，不揣测他人的想法，凡事尽力而为。这"四个约定"，我在师姐身上都能看到。

不只是"四个约定"，师姐为人难见分别心，处世往往合于"中道"，做事则近于极致。与宪瑜师姐交往，我先是对她身上那种大气的品格，感到望尘莫及。我以为自己的长处在细致，也曾以为自己在组织沙龙、团队活动的时候"会操心"。有一次，师姐组织一场学术会议，我希望去旁听。她把邀请函发给我，我才见识到学者牛刀杀鸡的功夫。其中一个细节，精细到告诉与会人员从某些交通枢纽到会场打车费用大概多少钱，以方便外地来京参加会议的学者做交通参考。我后来就把这个细节用到我对团队的培训中。

因为李宪瑜师姐，我又认识了另外两位师姐吕文娜、贺桂梅。她们三位的才情也许各异，待人真诚却是一致的。她们对我的亲切，也让我感到作为李宪瑜嫡亲师妹的荣幸。宪瑜师姐喜欢让四周充满爱。她曾经让我把自己的书送给吕文娜师姐。贺桂梅师姐，我更熟悉一些。我一度打算考博，桂梅师姐立即给我出主意，帮我找往届试卷，还把刚考过博士的人介绍给我。她为人实诚，犹如她送给我的湖南干辣酱，非常够味。有一次，桂梅、宪瑜、我三人一起吃饭，我说到是否再生一个孩子，可是没有计划生育指标，宪瑜说，她不打算生孩子，如果能把指标给我就好了。这本是一句玩笑话，在法律上也是不可能的。桂梅却认真地对我说："你不能要她的指标，万一她将来又想生呢？"我十分感动，为宪瑜有那样的挚友感到庆幸。另外一次，桂梅师姐发现我结交的女友中，有那种特别精明厉害的人，她就对我说："你们不是一路人啊。"桂梅师姐，专注学术，也是一位深情的母亲，她没有精力没有兴趣说闲话惹是非，她对我的忠告，属于不顾自己羽毛的那一种心情，我格外珍惜，格外领悟，牢牢记住了那句话和当时的情景。桂梅师姐的专业研究方向是中国当代文学，除了专精，她涉猎广博新锐，我做杂志主编的时候，恨不能邀请她做"客座主编"，又不舍得耽误她的时间精力。我做出版，集中编辑汪丁丁教授的系列文集时，桂梅师姐又与我探讨她读过的汪丁丁先生经济学、政治学著作。作为媒体人，在"博杂"方面，我也会在这位学院派实力干将面前甘拜下风。

2

真诚与含蓄

马越师姐是紧挨着我的上一届，我们交往并不多，她毕业出国留学后，我们再也没有联系过。有时候打听她，得到的消息也不多。

但她总是让我感到亲近。这种亲近，并非她对我有什么偏爱。而是与她不多的几次接触中，我感受到了她的"真善美"。

一次是百年校庆的时候，同门师姐妹在未名湖边散步，我看到她对待一位身体不方便的师姐的那种自然舒适的亲和。在那天留下的一张照片中，她的笑容是那么美，那是一种忘情之美，又不放肆。

印象最深的是与她见最后一面的情景。大概是一起聚餐之后，有一些打包的饭菜，只有我收下，因为我在教工宿舍有一个家。马越师姐帮助我一起拿着送到我家。到了我家，她又帮我把那些饭盒一个一个取出来，放在冰箱里。几个没有弄脏的塑料袋，她双手一捋，塑料袋就变成了长条状，她顺手一挽，就打好了结，帮我放在一个角落，可以再次利用。做这些事情，大概就几分钟，她和我都站着。随着手里的动作，她仿佛是轻描淡写地对我说："温老师很忙，很累。我们都要做好学业上的事情，安排好自己的生活，不让他额外操心。否则，他就会操心我们。另外，也帮助师母分担一点，看看哪些方面能够提醒老师多注意健康。"说完这几句话，她手里的动作也结束了。我一时不知道她是为了说那几句话才帮我做那些琐事，还是因为顺手帮我做那些琐事才临时想起了那几句话。但我觉得，如果只是帮我做那点琐事，或者说些别的闲话，那不是那位多数时候看上去风格"高冷"的师姐马越；如果她手里不做一点琐碎的事情，只是一本正经很庄重地对我说那几句临别叮嘱之语，那也不是我那位聪明美丽的师姐马越。

马越师姐走出我所在的楼道，从此就没有在我的视线里出现过。

我后来一直回味她当时手上的细节、说话的语气。那一刻，让我觉得与她像血缘亲姐妹，让我看到她在人背后对人的心。

二十年后的一个春雨天，我独自站在书房看窗外，那种暗暗的天色，很像当年马越师姐离去时楼道里的光线。我忽然想念她，回味她这个人留给我的印象。我从书架上找到《北大中文系学生作品选集》，细细读了马越师姐当年写的一篇文章，内容是青春年少的她从北京的家里出走去四川寻找她家族的"根"。我又找到从"孔夫子旧书网"买到的那本小书读了一遍，那是马越师姐的硕士毕业论文，北大百年校庆期间出版的《北大中文系简史》。对于当年二十多岁的马越师姐来说，那并不会是一个多么有趣的题目，我还记得当时她从一片空白开始找资料的情形。但是，她扎扎实实做了这件事，留下了历史的痕迹。就像她为人的几个片段，因为真心真意，就与虚浮的落叶般的"社交行为"划清界限，把种子般的美好，留在我的记忆中，就像春来大地生春草，让我忍不住在她久远的背影后面把想念和祝福献给她。

3
真诚与优美

最初，我是从师母口中听到陈改玲、丁晓萍两位师姐的名字的。后来，见到她们俩在师母身边说话相处的情景，觉得有温暖的"母女"色彩，我会想：如果她们俩不是一个在上海，一个在浙江，而是在北京，她们带给师母的快乐会更多。

晓萍师姐那种文雅的漂亮，最初给我一种错觉，以为她是"临水照花人"，加之没有事情往来，偶尔相见，也是在师门的人群中，彼此不过眼神碰到时微微一笑。直到那次住在"长城脚下的公社"为导师温儒敏先生庆贺七十岁生日，大家一起去爬长城，在那陡峭的山坡上与晓萍师姐总是走在一起，彼此就会互相拉一把，说一些话。到了长城上面，又一起照相。那一次，感受到她的亲切、温柔、善解人意。后来，但凡有所交流，都感到舒适、喜欢。从此，就把这位内外皆美的师姐放在心中一个宁静的位置，在内心亲切相待，即使很久不联络。这种安放，仿佛是把一个"文质彬彬"的人本身作为一种"美的座右铭"，用于对照"文胜于质""质胜于文"的生命状态，从中获得一种美意。

与大师姐陈改玲，很早就见过面。最初的寒暄，是她说她看过我写的文章。我感到惭愧，又有点受宠若惊。与她私下并没有单独交往。有一次突然收到她一条短信，说次日某时与某某、某某约在北大附近某处相见。那两位师姐我也认识。正在疑惑，又收到一条短信，说发错了。我想，这就对了。看来，师姐来北京了。她约的那两位师姐，也是我欣赏的人，只是不知误发为我的那个人是谁。我与改玲，彼此都像对待陌生人一样，没有因为一条错发的短信互相问候、寒暄。我猜，她是旅途匆匆只求简要。我呢，只想淡化这个小插曲，故意视若无睹。

2018 年春天，北大一百二十年校庆前夕，我收到经年累月不曾联系的师姐陈改玲在子夜时分发来的一条微信："刚发现有人转发了篇文章,是从多年前诋毁你的文章中节选的,主要是谈你的《纯棉时代》的,我让转发者删除了。并把你刚写的《赞美》等文转发给了他,让他真正了解你。你的文章越来越有静气,对人性的体察更加深微。"

4

真诚与豁达

因为一些事情往来,我比较熟悉的两位师妹是杨天舒和王帆。

参加北大语文教育研究所的《语文素养读本》项目时,有一次封闭会议,我与天舒师妹住在一个房间。她很会聊天,语调温柔,词语密集,有时候感觉仿佛在听雨。与人相处,我容易操心,以前,我总是在几个人中间发动话题的人。逐渐变得活力不足之后,我更愿意与能够负起责任营造话题氛围的人相处,仿佛下雨天与人并排走路,有高个子举着雨伞,我就可以把手放在衣兜里。天舒不仅有聊天的责任心,还会照顾小猫小狗。有一次,听说一位长辈离家外出时,就把小狗寄养在她那里。能帮亲近的人临时代养小动物,就像帮别人看护小孩一样,需要豁达的心境与耐心相配,这是令我感动的事情。对于耐心不足的我,这是榜样。

王帆师妹身上细致与豁达的统一,是我所欠缺的,令我欣赏。师门组织活动的时候,有人向我推荐王帆,说她非常善于统筹各种头绪繁杂的事情，并且能够不厌其烦地深入细节，兴致勃勃地落实妥当每一件事。她在操劳中所表现出来的愉快，让旁边偷懒的人能够免于内疚。我曾邀请她与我合写一本传记，我们各司其职，王帆从人物的历史材料找到的独特叙述角度以及别致的语言，让我十分惊艳。后来出版社发生变故，图书未能如期出版。尽管理解事出有因，但涉及让我去辜负第三方，这种半途而废的事情令我压力很大。对于一时的"白做工"，王帆却不计较，这也使我觉得"欠"了她的，总希望将来有机会弥补。有人说，那些厉害的人，是能够不声不响让别人觉得亏欠于他的人。

犹豫之后，王帆从出版社跳槽到著名的互联网企业工作。她的单位离我的工作室很近，她好不容易找到一个不加班的日子去找我聊天，我们不知不觉说到了深夜。她起身要离去，我很不放心。她说，她经常加班到那个时候回家，轻车熟路。看她蛮有把握的轻松样子，我也糊里糊涂没有让她留宿在我那儿。她走后，我一直坐立不安，直到她告诉我她已经打车回到了几十公里之外的家。后来，想起那件事，觉得自己不像师姐，很内疚，庆幸没有发生意外。但王帆似乎一点都没有计较我的不周全，一如既往，一旦联系，亲近如故。因为那次聊天，她还细心地记住了我儿子对科学史的爱好，把一本厚重的经典《科学史》送给我的儿子。

2018 年 9 月 22 日

友情的样式

　　向农是我研究生时候的同学，与我不同宿舍不同专业。我们私下交往很少，我与她甚至从来没有单独交往。认识二十多年，与多人一起的共同聚会不到十次，平均两年不到一次。我们也很少打电话，偶尔有点事，几句话就结束，或者只是发个短信。一般女朋友之间的那种聊天，我们之间一次都没有。

　　1998年，我和向农都在读研二。有私企为了吸引我先生加入，愿意提前付给他三年工资，让他在单位附近买房子。我害怕欠债，尤其害怕欠债不能按时还，犹豫不定。我先生则害怕给我任何不安。所以，买不买房子，就看我能否过心理关。

　　这件事，偶然被向农知道了。她特意从女生宿舍到我家找我，劝我一定要买房子。她没有讲为什么要买房子。她只是拿来一张白纸，写了很多算式，把买房子需要的一大笔钱以十年期按月份分成小数目，又来对应我先生每个月的稳定收入和我毕业后的可能收入。她一边列算式一边给我解释。不到二十分钟，让我看到，买下那套房子，对于我们完全是力所能及的。不过，按照"账本规划"，首付后，最初还贷期间，需要借一点钱。我不愿意再"破戒"借钱，向农就把她与男朋友李洪波共同的一个存折拿给我，直接把我们推上了买房的轨道。

显然，1998年买房，对于没有房子又急需房子的我们，在当时是完全正确的，至今也还是正确的，正是向农，帮我做了一件很正确的大事。碰巧那房子周围有优质的教育资源，算是学区房，我儿子读幼儿园过两条马路，读小学过一条马路，读初中不用过马路。

尽管买房早，但我和先生从来没有投资意识。我们提前还银行贷款的时候，银行人员提醒我们那样不划算。但，她不会像向农那样苦口婆心。我们还是提前还贷，因为害怕欠债。

有一次，我家附近又开发了楼盘，我需要书房，想去买一个小户型的。我拿着首付去签合同的路上，我先生打电话对我说："你就忍一下吧。我们需要有一点现金，万一父母身边有难事。"我想想，自己不能太自私，就折回去了。后来，那房价涨了十倍不止，因为是学区房，转卖也很抢手。我想，如果我与向农在一起，她会给我什么建议呢？

另外一次，我弟弟买房子，他看好的房子对门述有一套可售。我就想买了把父母接过来，父母如果不来住，也可以算是投资。但那个时候，有人借了我的钱迟迟不还，我也不好意思去要，首付款就差五万，我也坚决反对先生去借钱。我曾经有好几次被朋友借钱，可是自己手头真的没有，很羞愧，所以我非常害怕去借别人的钱。我有一位女朋友，曾对我说，她有很多存款，如果我愿意专职写作，她可以养着我。我曾经把这个玩笑讲给我先生听，他与我这位女友也很熟悉。他就背着我去问那位女友可否借给他五万，两个月后他的工资余额就可以还。这位女朋友坦率地告诉我先生，她的原则是钱不外借，因为以前多次借钱给人都是有去无回，她就确立了那样的原则。我先生受了打击，再也不去别处借钱，就放弃了那次买房。我弟弟买了那个楼盘的房子，后来自然涨了。向农知道这件事后，对我先生说："其实，当时三十万也能给你拿出来的。"另外一位女朋友则骂我蠢，说为什么不找她。我先生逐渐又恢复了对朋友的信心，可我还是反对借钱投资买房。我想，无论亲朋，就算有钱在手，那也是人家安全、自由的保障，并非有义务做亲朋的"投资银行"。

我儿子逐渐长大，原来的房子不够住。我和先生商量卖了那套旧房子，到远一点的地方，买两套小房子，我想，这辈子就一劳永逸了，我们夫妇和儿子都有独立空间，就够了。但我先生受不了太拥挤的空间，忍耐几个月后，他还是要卖掉小房子换大一点的房子，他有信心独立解决房款缺口的问题。结果让我吃惊的是，向农夫妇第二次把家里的全部存款借给了他，事情办成之后，我才知道。

向农夫妇两次倾囊相助，让我不平静，钱背后的一些东西也让一些思绪在我心里徘徊。

一是关于"友情的样式"。

与向农夫妇的友情，是平常极少往来，他们却在我们人生里一等重要的时刻几次出现，鼎力推动、成全我们。尤其是他们后来自己也错过买房的机会，还来成全我们。我们之间，也从无"交换利益"。

仔细回忆，能想起的芝麻小事也不多。一次，她找一位 IT 界元老的电话，这位曾经的厉害人物已经在江湖上隐匿很久。她是临睡前问我的，我立即问了一位朋友，那位朋友发给我的手机号码，我是夜里起来喝水看到的，就转发给了向农。因为碰巧了，就这么简单。向农却赞扬我"神速"。另一次，她正在做一件重要的事情，我知道了，未对她许诺什么，只是去做了力所能及的事情，既然最后没有得到结果，我也就没有告诉她我做过什么。这在有些关系中，恐怕就会有失望和误会。但在向农这里，则没有。还有一次，是洪波给他带的硕士毕业生找工作，这种事情，需要过程中的沟通。洪波看我十分"卖力"，就告诉我，他的学生十分优秀，只是作为导师，总希望给学生更多选择，但，他和他的学生都不愿意太花费我的精力。果然，那个学生很棒，我提供的机会并没有用上。

二是关于"帮助人的智慧与风度"。

不知什么原因，我也有本能地喜欢帮助人的倾向。但，遗憾的是，"好心没好报"的教训却很多。同事亲朋中，我不遗余力怀着好的动机对待过的人，我并不求好的回报，却得到了很坏的回报。当向农夫妇出现在我生命中时，他们给予的物质帮助对于我是"雪中送炭"，他们那种"帮助人的智慧与风度"，对于我也是一种"雪中送炭"的启迪。他们通过简单的交往，就"洞察"了我和我先生是什么样的人，对我们给予充分的友善与信赖。记得第一次借他们的钱，我坚持给他们写借条，还找了一个人做见证人。但我还是不安，一有钱就要去还，而向农则坚持等到我们手里真有余钱了再还他们。毕业时，向农把她的几样贵重的收藏品寄存在我家，我好几次让她取走，她也不取。过了十多年，我让她拿回去，她竟然不太记得是几样东西了。这个举动，有意无意传递给我一种信息：她是那样信任我。所以，第二次我先生借走她家的"巨款"，我就放松很多，以免我的紧张反而给她增加琐碎的负担。一个把自己的"身家"放在别人手里的人，同时让别人感到被深深信任。这样的智慧和风度，也是我所渴慕的。这位女同学变来的女友，除了不止一次帮助我和我先生实现了生活目标，也把一种激励给了我。这种激励，让我在虚无的时候，也能获得一种力量：好好活着，每天都要致力于提升自己的品格和能力，不辜负那沉甸甸的信任。

2018 年 4 月 20 日

纯真年代的"手帕交"

这个友情的序幕，远未展现未来种种人间情谊的丰富。然而，其过程庄重、轻盈。它始于真善，终于善美，没有创伤，鼓舞我未来有热情去接近更多的心灵，又让我在历经人间各种情愫之后，对这份温柔的初情肃然起敬。

高中阶段是同性友情的黄金时代。女孩们互相陪伴，一起成长。未成年少女之间，有时候互相启迪，有时候难免一时干扰。然而，这个阶段的友情，是一生中其他任何阶段的友情无法替代的。

比起小学、初中时期，高中时代的友情，成活率更高，更可能拥有长远的未来。比起大学阶段，高中时代的友情，纯洁度更高，青春回忆更多，更接近血缘亲情中亲近的一面。一旦经过适度的岁月考验，变异性更小。高中时代的友情，拥有最充分的"青春福利"，初恋般的美好，故乡般的亲切，是其他任何阶段的友情无法匹敌的。

不知是年代久远被我遗忘了，还是事实的确如此，高中时代，与初中时代的朋友一样，留给我的"伤害性"记忆少到可以忽略不计。即使那些早已结束的友情，也只是无疾而终。

哲学家说："没有无刺的蔷薇。——但不是蔷薇的刺却很多。"高中时代结交的几位真正的女朋友，都是"无刺的蔷薇"。这几位老友与我在三十多年里依然保持日常联络。这种"路遥知马力、日久见人心"的友情，也让我们彼此有机会把未成年时代还没有发展出来的才华、情感、精神、人格力量展现给对方。

　　大学时期，过着寄宿生活，远离父母家人，身心大本营在同性同学中间。不过，随着成年时代的到来，"异性"与"世俗"开始分割友谊的地盘。一部分人，为了恋情、为了毕业后的前程，难免牺牲友情。毕业之后的各奔东西，也让"异地友情"经受时空考验。这种时空考验对友情的影响，不亚于对恋爱关系的影响。除非有意识继续比翼齐飞，否则那些"陪伴式"的友情逐渐会出现隔膜，核心价值观相异的友情则迟早会分手。那些日常兴趣或精神追求比较相似的朋友，则会继续一直同行，或者在前方相遇。

　　　　　　　　　　　　　　　　　2018 年 8 月 29 日

初情

　　十二岁半，我到瓦全镇中学读初中，从一口乡井来到一条河边，仿佛如鱼得水，又像一棵树迎来第一个花期。在同学中，遇到女友小米。

　　与她之间那份温暖友情，持续到我高中毕业。

　　后来各奔东西，彼此渐渐淡忘。

　　有一年回故乡，在阳光下的茶楼，与她度过一个平静愉快的下午，那份情谊似乎就悄悄补上了最后一个句号。

　　通过故乡熟人社会，我们不难找到彼此。只是似乎没有画蛇添足的必要，好像已经十分满足，满足于一份从未互相伤害的情谊，在一个难得的"终结仪式"后，留下淡淡的回忆。

1

　　小学阶段，因遭嫉妒，受女生孤立，我体会到没有朋友，尤其是没有同性朋友的种种不便。那时，我所在的山村小学，只有露天厕所，女孩需要至少两人结伴，互相守望，才能免遭尴尬。正是那几年的尴尬让我体会到，同性之间的关系，天然亲切，也有"凶险"。邻家女孩王木兰，是我童年时代在校外结交的朋友。我与王木兰，因年龄和境遇，未能把友情的更多含义显现给对方。那只是一次友情的彩排。遇到小米，我生命中"可以选择"的情谊，拉开了序幕。

这个友情的序幕，远未展现未来种种人间情谊的丰富。然而，其过程庄重、轻盈。它始于真善，终于善美，没有创伤，鼓舞我未来有热情去接近更多的心灵，又让我在历经人间各种情愫之后，对这份温柔的初情肃然起敬。

2

青少年时期，我曾两次看到不同的老师给我的评语是"严肃不足，活泼有余"。那些日子，刚离开母亲牢笼般的管束，住校后再也没有繁重不堪的家务，我敏捷、欢乐、热情、信任世界。伴随青春期的多愁善感，我活跃在不同的小圈子里，有很多玩伴。与同班的小米、盒子又组成一个"日常生活小组"。盒子内向、冷静，冷眼看世界。小米的性格介于盒子与我之间，三人中，她年龄稍长，各方面都更成熟一些。

父母从重庆给我带回今生第一双皮鞋，外婆给了我银手镯，她们喜欢，我就把手镯给盒子，把皮鞋给小米，换穿她脚上的旧布鞋。

爸爸常说："钱财身外物，仁义值千金。"似乎还不止这些，银手镯戴在盒子的手腕上比在我的手腕上好看，我欣赏那种美，却无须自己戴着碍手；小米对那双深红色皮鞋的看重，几乎有一种"神圣感"，我高兴与她共同拥有过人生的第一双皮鞋，感到她的旧鞋子在我脚上舒适不碍脚。

小米与盒子，分别邀请我去她们家做客。亲切的家人，丰盛的晚餐，好像至今还在灯光下冒着热气。我向长辈致谢后，就愉快地拿着筷子吃起来。我还记得去盒子的家要爬很高的坡，小米的父母种了很多生姜，那是我第一次见到深绿的姜田，一大片冬天的锦绣。

3

与两位让我免于"碍手碍脚"的姐妹相处一年后，我就转学了。初中毕业，我考到县城重点高中，小米考到中师，两所学校在同一条街道的同一侧，相距1公里左右。盒子也到了县城，她成了缫丝女工。

我们去过几次盒子的宿舍，她慷慨地招待我们，她也到我们的学校玩。慢慢地，我们跟不上盒子的"社会化"，几个回合后，我们就在人生里不告而别。

进入中师，小米开始恋爱。她家里反对与她相爱的人。我去她学校找她，看到她身上有一种沉着的意志。她只是偶尔向我提两句恋爱中的难处，又十分从容地在食堂挑选我喜爱的饭食。她的举动里，有一种对我不动声色的偏爱，就像她在恋爱里把那位男子也笃定地置于一个她十分钟爱的位置。

我从她零星的言语里捕捉到，她的父母介意男方家境过于清贫，要给她做一件像样的结婚礼服暂时也是困难的。那个时候，我一位远房姐姐，大学毕业后嫁给一位高干子弟，要出国，临行前，把几件几乎没有穿过的新衣服送给我。其中一件深红色金丝绒上衣，交到我手上时，她还恋恋不舍，说一次都没有穿过。我想起另一位亲戚送我的"洋气"的深红色运动衣，小米穿过，很好看，我就把姐姐送我的衣服包起来，拿给小米。后来，小米让我看她的结婚照片，她穿着那件红色的金丝绒衣服。她说，结婚典礼那天，她也穿着那件衣服。

后来，小米的先生事业发展很好。最后一次见到小米，她的样子依然漂亮可爱，比青少年时代更加满足自在。那天，在小米宴请我的茶楼里，我们依然像昔日一样话不多，更无有些关系中十分看重的"灵魂对话"。我们散漫地说说各自眼前的日常生活、孩子和衣食住行。没有回忆过去，没有展望未来。分别的时候，没有依依不舍。此刻，我的怀念，也是淡淡的，了无遗憾的。

4

与小米的情谊，仿佛一条青石板铺就的水渠，让我像水一样顺着这条水渠欢快地奔涌。那是一种"水到渠成"的感觉。我们亲密往来七年，很多日常相处，刻骨铭心的高峰体验不多，但彼此之间最难得的是没有一丝伤害。能够这样，与我们彼此性情投合有关，与我们年岁单纯有关，还与运气有关。这是同性友情中的"初情"，犹如异性之间无疾而终的初恋，其无伤、无疾的温柔是那么动人。

人们常说，什么都可以有但不要有病。有人甚至认为，人与人之间，如果有伤害，或许不如"你走你的阳关道，我过我的独木桥"。从小，父亲就对我说"大肚能容天下事""宰相肚里能撑船"。这两种态度，看似截然相反，其实都表明，人与人之间如果往来不停，没有伤害有多难。

在难免有伤害的人际关系中，多数人不会因噎废食。在玫瑰般的情意芬芳中，我也曾无悔地承受刺伤，无心地刺伤过他人。在成熟岁月的阴影里，回想小米与我之间温柔的初情，想起别处那些如鲠在喉的遗恨，更觉人间大雅是"无伤"。不是吗？人心深处，伤害，并非"无伤大雅"。人，可以不复仇，很难不记仇，就像对温柔的初情一样，念念不忘。

2018 年 8 月 19 日

温玉

初中阶段，我交往最多的女友叫温玉。为了摆脱自己喜欢一个男孩和转学之初的一场尴尬，我才认识温玉。今生第一个向我求爱的男孩，是温玉的"男朋友"。温玉与我的友情，却因此加深。因为温玉，我读了四年初中。在我心里，那是年少岁月一段登峰造极的同性情谊，甚于恋爱。

1

在瓦全镇中学，初一下学期，我对一个吹奏长笛的男生暗生好感，仿佛自己突然成了一块废铁，在一块磁石面前失去自主能力，又像落水之人，在扑腾中被卷入更深的水域。

期末考试一结束，我的脑子里像陡然划亮一根火柴，有了转学的念头。那似乎是我在十三岁年纪能想到的最好的自救办法。"要减肥就远离餐桌"，是我成年以后看见的一句话。在我的年少岁月，我只是知道，为了免于淹死，得想办法把头伸出水面，能够自由呼吸。

暑假回家，我对爸爸说："爸爸，我想转学。就到你身边读书。"爸爸沉吟片刻，微笑着看着我，点点头，对我说："好，就听我女儿的，这好办。"

新学期开始，我转学插班到瓦全镇下辖的平和场中心学校初二班。仿佛潮水退去，那个男孩子的势力从我的生命里退却，我重新拥有了自己，进入良好的学习生活状态。那是一种令我印象深刻的经验。在后来的人生里，我曾数次以"暂别""抽身""离开"这样的方式，帮助自己一次次在接近迷失的状态时，重回自我，有时候是在事业方面，有时候是在情感方面，有时候是在健康方面。

转学上课第一天第一节课是英语。快下课时，老师让我朗读刚学的课文。我快乐而流利的朗读刚结束，全班哄堂大笑。那一刻，仿佛柴门背后猛地窜出一条狗，咬住我。下课铃声里，老师背对那笑声离去。那莫名其妙的笑声，让我疑惑、尴尬，不知所措。

一个女孩来到我课桌边，拉起我的手，轻声对我说："走吧，我带你去熟悉一下校园。"她略微沙哑的声音带着柔弱的气息。她的手指间有细细的几缕暖意，像我小时候抚摸老房子里被火烤热的木梁的那种感觉。

校园很小，只有我刚离开的镇中学的几分之一。女孩自我介绍她叫温玉。她说："我的名字是算命先生改的，我原来的名字叫大雪，父母说我出生那天下了一场大雪。"我说："我也有几个名字，你就叫我黑玉吧。"

从厕所出来后，温玉对我说："听我父亲讲，瓦全镇中学有一位大城市来的英语老师，她教的口语是最洋气的。你那流利的口语，就是跟她学的吧？你转学，这算是一个损失吧？"

彼此认识不到一刻钟，温玉的言行，仿佛几级台阶，让我站在上面看见她内心高处的风景。

2

"哄笑事件"之后不久，班上一个样子冷峻的男生小兵告诉我，他在我课本里放了一张纸条。我看上面写着"在天愿为比翼鸟，在地愿为连理枝"。第一次遇到男孩子求爱，我把纸条给温玉看，让她不要告诉任何人，问她对小兵了解多少。温玉说，小兵和她同岁，父母也是学校老师，他们两家关系亲密，暗中给她和小兵订了娃娃亲。她和小兵，既不赞同父母，也没有反对父母，觉得那只是父母之间的事情，他俩只是兄妹般的朋友。

温玉和我一如既往形影不离。深秋傍晚，我们在我父亲办公室窗下的草坪上聊天，小兵把一个纸团裹着小石头，远远地扔过来。温玉捡起纸团，扔掉小石子，把纸条递给我。她说："小兵是真的喜欢你，如果你也喜欢他，那是你们两个人之间的事情，不必考虑其他人。"我说："温玉，你知道我为什么转学。而且，他毕竟与你有关系。再说，我并没有被打动。"

温玉十四岁生日那天，她邀我去她家吃晚饭，小兵一家也会去，我想了想还是没去。几天后一场大雪来临。父亲办公室窗下那片枯萎的草地上，覆盖着厚厚的雪。从院子中间的十几级台阶走下去，穿过雪地走到教室的后墙边，我回头一望，父亲窗下那一片完整的洁白上，就印着我的一行脚印。我看温玉在教室里，就叫她也去踩踩那雪。她很有兴致，一边远远地和我说话，一边紧挨着我的那一行脚印倒退着走到院子中间的白石头台阶那里，转身走上台阶，消失在台阶两侧的高墙后面。

不知她到台阶上去做什么，我站在原地等她，看着那两行平行的大小差不多的脚印，仿佛我们刚刚手挽手一起走过。我想，如果雪下面不是厚厚的枯草而是污泥，我就不愿意走过那片雪地到学校，也不会让温玉到污泥地里去踩雪。那样想的时候，我就猜到温玉是走上台阶，穿过父亲单位的内院，从办公楼的前门，走过街道再回学校。果然，她走过来，站在我身边，微微喘着气，拉着我的左手，对我说："黑玉，你看，一大片洁白，只有这两行默契的脚印。"

然后，她告诉我，生日那天晚上，小兵约她在校园散步，对她谈了很多，主要谈我，谈着谈着，小兵流着泪，忽然拥抱她……温玉说："黑玉，你说男孩子究竟是怎么一回事呢？他明明喜欢你，怎么又那样做？尽管是小兵的秘密，我还是想告诉你。"我紧握温玉冰凉的手，对她说："如果你不喜欢他那样做，需要我保护你，就告诉我。这也是你的秘密，你有权告诉我。"温玉说："好，我知道，我们是姐妹。"

那个时候，在我心里，那个男孩变成一个张弓搭箭的猎人，温玉成了一只带伤的白天鹅，保护她，是我义不容辞的责任。

温玉一直在吃中药。一年后，我们升入初三。她的父母觉得不能让她累着，决定让她仍然读初二。初二和初三，教室挨着教室。开学第一天第一节课，在课堂上看不到温玉，我不习惯。下课时跑到初二教室去找她。我信口说："大雪，我也搬到这儿来，和你当同桌怎么样？"她说："你别，你一直第一名呢，耽误一年时间，可惜。"

第二节课后要做课间操。第三节下课，我跑回家找爸爸，爸爸不在，有人说他下乡去了，中午回来。中午一边吃饭，我一边请求爸爸让我去读初二。吃完午饭，从单位食堂出来，爸爸就去找老师商量。老师说，第一名，这么好的苗子，不应当为了和朋友在一起就留级。爸爸温和地与老师继续协商，他说："温玉是个不错的孩子，她们好朋友愿意在一起学习，就让她们在一起。"

下午第一节课，我坐到初二教室。

初中毕业，我读高中，温玉去读师范学校，最初几年多有往来，中间失散。其间，她找到我北京家里的电话，打过来，留下她的联系方式。家人不慎弄丢了那张纸条。直到我第一次带着半岁的小孩回故乡，才联络到温玉。

3

温玉告知小兵我回乡的消息，也把小兵的情况略微告诉我。小兵从十多里路之外他工作的一个风景点赶回市里。仿佛要倾其所有，先请我们吃饭，然后又去喝酒唱歌，再安排了第二天包车去他工作的地方看杜鹃花。

从市里去乡镇的道路坑坑洼洼。小兵十分过意不去。我总要照看自己的婴儿，不时与保姆一起处理孩子的一些琐事。好在温玉的淡定，带给我们放松的舒适感。乘船畅游，大片绿色春水围绕四面青山，青山上红色杜鹃花怒放。船靠到石崖边一枝倒垂的杜鹃枝丫时，我去触摸那杜鹃的叶和蕊，蓦然看到水中自己的倒影。那是我在产后恢复期过于自在的装束中，没有复原的略微臃肿的样子。那一刻，我隐约感到小兵遭遇到的某种残酷——我的样子，毁了他记忆中的少女。歉意袭来。那次春游，在圆满中结束，从坑坑洼洼的原路返回，与小兵道别，从此再未谋面。后来有一次联络，是小兵询问是否能够帮他办一件事。遗憾那件事非我亲手能为，要去求告他人，未能替他办成。

那次见面，温玉与我交谈清浅，她安排味道很好的鱼火锅店，殷勤招呼。那包间的雾气长时间在我心里缭绕，温玉略微沙哑的嗓音，一如人间初识时第一次听见。那次见面之后，我们再没有见面。后来有两次联络。一次是电话里，她托我替她的同事办一件事。遗憾那件事非我亲手能为，要去求告他人，未能替她办成。

4

后来，我联络过温玉两次，与她聊聊天，依然是交谈浅淡。我们之间，除了回忆，再也没有互相可以分享的秘密，没有共同的生活细节。尽管我们都有各自辛苦的人生，却再也无法互助。我不是世俗的弄潮儿，不能与荣华富贵沾边，也不能惠及故乡亲友。如果他们看得起，有朝一日来到北京，或者回到故乡，我当如他们款待我一样，盛情款待他们，这是我仅仅能够做到的。这种盛宴，无法与少年时代的质朴清雅媲美。只因那是不可重现的昔日，入乡随俗的今天，也将是明天的回忆。

2018 年 8 月 19 日

锦衣

有一天，一位女友向我致歉，说她某些方面做得不够好，对我感到内疚。我说："如果我足够好，你就不会在我面前感到自己不好。我有一位交往三十多年的女友叫黑锦衣。在她面前，我感到安全、自由、舒适，似乎从无差错。在锦衣这面镜子里，我照见一个仿佛完美的自己。**完美的人本来不存在，但，锦衣让我感到，在她面前，我无可挑剔。**锦衣对我的一切好，值得我珍惜感念。她给我一种做朋友的标杆，就是，如何把爱与自由给予朋友，让朋友在我这面镜子里只看到自身的美好。"女友说："看来，这是做朋友的最高境界。可否给我讲一些黑锦衣与你交往的细节？越多越好。"

1

记忆中，与黑锦衣交往最初的画面是一个小小的金红的橘子。锦衣递给我，我握在手心，带着它去课堂，路上不时闻闻它的香。下午放学，我回到宿舍，锦衣与她的同班好友花香也进了门。花香家在县城，走读，要路过校门口附近的女生宿舍时。锦衣踮脚从她住的上铺拿出一个橘子给她，和她一起离开宿舍时对我说："黑玉，我晚饭不在学校吃。"

锦衣与花香走后，另一位室友约我一起去食堂打饭。路上，她对我说："你看到了吗？她给花香的橘子，比早上给你的大很多。锦衣最好的朋友是花香，她和你的关系只是一般的。"

那位室友说的大概是事实。高中时代，锦衣与我都不是对方"最好"的朋友。不过，锦衣与我相处的时候，我们的注意力都不曾放在和谁比高下、论亲疏、分厚薄、定终身。认识他人、自我与世界，是我与锦衣结伴而行的共同兴趣。她与我都不知道，在未来岁月，我们彼此会成为对方生命之树上越结越大的果子。

从"有"的角度看：高中三年，锦衣与我相处最多，同住、同吃、同学、同玩。从结交开始，锦衣个人的特质，以及我和她独特的缘分，就让我们以家人般的密度共同占据每天二十四小时中最多的时空份额。我与不同朋友之间的不同交往方式，日常相处、灵魂交谈、隐私倾诉、患难与共、欢乐同享、家人往来、朋友分享、重要人生节点同在、经验分享、互通有无……这些方面，我与锦衣之间都有，甚至更多。从交往开始至今就是如此。

从"无"的角度看：朋友交往难免各种波折，闹别扭、惹麻烦、做不妥的事情、说伤人的话、失而复得、有始无终、相见恨晚、偶尔猜忌、嫉妒、相处压力……这些方面，我与锦衣密切交往几十年，回忆不起蛛丝马迹。

2

与锦衣多年的平常交往相处中，有一些记忆片段闪烁，常常令我回味。

高中阶段，她以庄重的姿态，以细水长流般的安详与活泼，陪我度过单恋时光。那个时候，她身材高挑丰满，穿着一条深玫瑰红连衣裙的样子，就定格在我对那段时光的回忆里。多年后，她带着先生和儿子到北京，我送给她一件我穿过几次的深玫瑰红棉麻上衣，寄托我"与子同袍"的心情，她欣然接受的样子，又重叠在我对那条连衣裙的回忆中。

大学时代，我去重庆，住在她的宿舍里。在盥洗室，她一边刷牙一边对我说："向你报告，我改成时而早上刷牙时而晚上刷牙了……"她用一种幽默的语调告知我那一段随心所欲的大学生活。

我刚去北大读书时，她刚结束在那儿的一段学习时光。那种感觉，仿佛一棵果树上靠着一架梯子，我可以借此去采摘某些成熟的果实。就像我计划去欧洲旅行，刚刚"盲信"朋友去报了名，还没有看行程安排，只是把链接发给锦衣，用意是以取巧偷懒的方式告诉她我的动向。锦衣为了给我一些建议，仔细读了旅行社的行程单，发现恰好是她一家人几年前在欧洲一个月自驾游的路线，她与我分享上次的旅行感受和经验，清晰又简练，几乎可以省去我再看那些我很不感兴趣的旅游说明。

在北大读书那几年，我和先生住在不到十平方米的教工宿舍。

锦衣的先生到北京出差，锦衣让他去看我们。碰巧我不在家，我先生不善于照顾自己，更不善于照顾别人，是那种做起事情来就忘却一切的人。我晚上回家，锦衣的先生已经离去。我问先生中午吃的什么。他才说："喔，锦衣的老公来了。他在楼道里给我们煮了两碗面，很好吃。"我给锦衣打电话，颇为过意不去。锦衣哈哈大笑，说："他很会做吃的，让他给姐夫做一碗面吃正好嘛。你不在家，他正好帮你照顾一下姐夫。不虚此行嘛。"

我的儿子四岁半那年，我带着他在国内旅行一个月，主要是探访亲朋，让他看见一个情感的世界。其中一站是锦衣在绍兴的家。她和先生开车到杭州接我们。锦衣的儿子比我的儿子大三岁，对弟弟非常好。他们一起弹钢琴，一起在房间里搭建火车轨道，睡在一个被窝笑闹。

看着孩子们在一起那么欢乐，我想起儿子刚出生时被误诊为没有听力。那个时候，锦衣也是陪伴着我面对绝望。她甚至去帮我求神问卜，还寄给我一张纸，上面用很小的黑墨水钢笔字写着孩子的命运，说孩子命中并无大灾，反倒是命相很好的人。锦衣的母亲与他们生活在一起多年，也跟着锦衣一起惦念我的孩子以及我产后受损的身体。多少次电话里，锦衣都会附带她妈妈的关切和嘱咐。

锦衣一人或者合家多次专程到北京与我们一家见面。每一次，都由锦衣先生的朋友开车接送。有一次，他们晚上到北京，知道我早睡早起，害怕扰乱我的作息，就住在我家附近的酒店，早晨才给我打电话说到了。最近一次来我家，是他们移民美国后第一次回国探亲。锦衣提前一个月与我约时间，留出三个时间段供我选择。但从绍兴出发前，无论如何不告诉我具体航班。我也就不告诉她我新搬家的地址，为的是她不得不让我们去接他们。以前在闲聊的时候，我说过我家在西山，附近有条航材大道。碰巧的是，锦衣的先生多年前出差来过航材大道，这么大的北京，他偏偏知道这个地方。他们从首都机场转地铁到颐和园。那天是3月17日，我因为想到父亲的农历忌辰是三月十七，就记住了那个日期。那天，北京一冬无雪后下了第一场春雪。我们在颐和园站地铁口见面拥抱，然后站在那里等待推着行李走在后面的锦衣的先生。

回家路上，我和锦衣坐在后面，锦衣的先生坐在副驾驶位，说起多年前他出差到西山这一带的情形，朋友故地重游的地方是我现在的新居之所和未来的"故乡"，这种感觉是很熨帖的。锦衣的先生，似乎在任何情形下，都像一个"低调的主人"。这一点与我先生相反，我先生即使在自己家里，也像一位"低调的客人"。锦衣的先生到北大我的家煮面给自己和我先生吃，我先生是找不到那些厨具在什么地方的，锦衣的先生却能找到；在我后来的任何一个条件更好些的家里，锦衣夫妇本来是我的好友和客人，但锦衣的先生总是会很自然地拿走"客人"那一部分，替我很好地照顾锦衣，甚至到厨房帮我做饭，或者他自己到我书架上找一本《牛顿传》那样的厚书看。他也会去陪我先生看球赛，和我儿子说话，让我和锦衣很自在地聊天。我临时接个电话，他就自动补位到厨房我烧着的锅旁边，无须任何提示或请求。我要尽主人之谊去关注他，对他说，那本书他可以带走。他说："不用带走。在你们家读完一本书，也是一种留念的感觉。"这也是他以此自处给我们自在。家里又来了另外一位女友，我们谈起十几年前带孩子去绍兴的旧事，锦衣的先生就坐到我们身边的空位上，从手机里调出很多照片给我们看。那是当年孩子们弹琴、开火车、在被窝里玩闹的照片。不仅对于那位女友是一种分享，对于我和锦衣也是昔日重现。我叫来儿子看看他小时候的样子。那些照片，在我的电脑里，我们好久没有温习了。看完照片，锦衣的先生替我们三位女士照几张合影之后，又回到书桌那边自己看书去了。

锦衣夫妇只在我家住了两夜。我们一起爬山、聊天、买菜、做饭。路过小区一个商铺门口，锦衣注意到那花岗石门框右上端，刻着一个很大的"乾"字。没有任何上下文和周边关联，我们都不知其意。我很早就注意到那个字，因为先父名"乾"。锦衣并不知道我父亲的名字，她是善于发现细微之处，那个字空悬在那里被她注意到。

爬山的时候，锦衣注意到山脚下有所"平和小学"，特意指给我看。那所学校，是我搬来此地住下大半年，多次爬山后才注意到的。我在父亲身边读书时，紧挨父亲办公楼的学校叫"平和中心学校"。锦衣当时并不知道这些细枝末节。但她所指出的，正在我心中亲切所感之处。她又查到：我家附近画眉山与《红楼梦》情节的关联；我们所在的西山，是寿安山的一段；我们正在行走的小青山，有一处叫凰山，与凤凰岭是呼应的；从半天云岭上到山顶，原来有个天光寺，后来改为雪峰山。她说："黑玉，我记得你老家叫雪坡？"她一贯的好奇心和观察力，不仅是她自己人生的指南针，在交往相处中，也屡屡给我的记忆绣上这样的"蕾丝花边"，成为我内心风景的一部分。

3

想来，除了巴中、北京、绍兴，在上海和杭州，与锦衣之间，也有一些记忆片段，常常闪烁在我的回忆里。

上海那次见面，是我先生的专利产品"贝多钢琴陪练机"第一次去参加"上海国际乐器展"。那是我先生创业初期。我了解我先生是个技术天才，但他常年独来独往惯了，做事专注到令我痛苦，他分神乏术或说天性并不适合去操心人事和财务。我呢，尽管喜欢交朋友，但是不愿意也不能过企业家那种高尚而艰辛的生活。所以，我建议先生除了技术团队之外，不再增加人力资源，不做营销。汪丁丁老师和夫人也建议我们做一个"小而美"的工作室就够了，只要一直能对老客户负责，并不断改进产品就是了。所以，当时京东商城来采购，我们也放弃了签约；姜杰钢琴城等其他机构的合作意向，我们也无心积极跟进；有朋友曾估价不菲，希望买断专利，合同拟出来了，我们又不愿意放弃专利所有权。我们只开淘宝店，希望一直认真经营产品，保持"微小格局"，保持安静自由单纯的人生状态。很多朋友好意替我们着急，批评甚至"鄙视"我们的"呆子"想法。就是在这种状态下，我们去参加上海国际乐器展，主要为了收集更多意见完善产品。

知道展会信息太晚，我们得到的是一个偏僻的展位。想不到，我们被一拨又一拨人包围。到最后撤展的时候，要清场了，我们的展位还有很多人问个不停，世界各地的人都有，各个层次的人都有，有陪孙子学琴的爷爷奶奶，也有来中国旅行的国外音乐家。所以，展会那几天，我和先生的繁忙艰难可想而知。我们唯一的帮手是刚上小学的儿子。我们把他放在展区门外的咖啡厅，他身边有两台"贝多"，一台笔记本电脑，还有一个双肩背包。我们以为进场后就能马上去接他。想不到忙起来无法脱身。等我去接他的时候，他抹眼泪。他说，他想上厕所，去和咖啡店的人商量，帮他看一下东西，他们不愿意。可怜的孩子，责任心那么重，个子那么小，背着双肩包、提着笔记本电脑、抱着两台"贝多"去厕所。然后，又带着那些东西回到咖啡厅。后来，多次想起那个情景，我都掉眼泪。

锦衣夫妇得知我们在上海，就说来见见我们。我猜，以他们的见识，想象到了我们可能遇到的情形。周六一早，他们开车从绍兴到上海，在展会上给我们站了一整天台。下午，一位说上海话的女士买了一台最高配置的"贝多"。晚上，锦衣夫妇又陪我们去那位女士家里安装调试。幸好那位女士的家在市中心，房子很大，我们去了五个人也不觉得为难。女主人还叫了两位音乐教育界的朋友去她家看"贝多"，问我先生各种问题。我们在那家逗留到很晚。锦衣夫妇一直陪着我们，直到我们收了货款，他们又把我们一家三口送到酒店后，才在深夜驱车回绍兴。

那一次，锦衣夫妇的帮忙，雪中送炭，令我先生感动至深，认定他们是终生的朋友。这也让我感到喜悦。或许，友情有时候也和婚姻一样，得到家人的赞赏，就仿佛一棵树，从花盆里移栽到庭院的泥土中，会有更充足的养分和阳光雨露促进其长势。

与锦衣有一次错过的"见面"，是在杭州，2014年5月。那一次，在湖畔居有两个会议，我记得是汪丁丁、李维莲、吴伯凡、方兴东、黎松、徐玲等诸位师友一起。第一场是东方出版社关于汪丁丁先生《青年对话录》的研讨会，第二场是"互联网口述历史"访谈汪丁丁先生。这是两个单位的两项工作，都与我有关。同时计划两处会议结束后，我就马上从杭州回瓦金镇，为父亲庆祝八十岁生日。

我没有把握是否能与锦衣见面，只是觉得到了杭州，与她很近，还是想告诉她。锦衣先生从不让她在高速公路上开车，但她还是独自驾车走高速到了杭州，希望与我哪怕见一面。果然没有如愿。她把带给我的东西留在酒店前台，其中包括一包卫生棉。那是多么奇异的默契啊。我们并不生活在一起，我也没有向她提及我的生理期。但是，那天晚上，工作结束我回到酒店，发现生理期提前了。我把那包卫生棉抱在胸口，感念闺蜜之间的奇异感应。

锦衣独自驾车来去，我竟没有内疚，只觉得与她相知的幸福和幸运。与这相反的情况是，也有一些关系者，他们来到我身边，无论我付出什么，我都觉得不够，一旦他们离开，我还会内疚不已，总觉得自己还做得不够好，思虑下一次如何改进，或者想办法逃离这些让我不堪承受的压力。**锦衣有力量在任何情形下至少给人自由轻松的感受。**我深知自己对锦衣的珍惜。锦衣来去，让我想起的是雪夜访戴，乘兴而往，兴尽而归。她不执念于任何东西。就像她喜欢的一幅丰子恺的漫画，两个孩子，采了荷花，却忘记带走，只是在头上各顶着一片荷叶并排走回家。锦衣有一条"家训"我印象深刻。她对儿子说："你要做到充分独立和自足，这是交朋友、爱朋友、享受友情的前提。"

与锦衣第二次错过见面，是2017年4月下旬，原计划她到北京见我，那是她移民去美国离开中国的前几天。我的父亲23日去世。24日，在回家路上，我告知锦衣，5月1日前，我都在瓦全镇为父亲守灵。就在那一周时间里，我的人生由前半生过渡到后半生；锦衣，也以另一种方式开始了她全新的生活。

4

与锦衣最难忘的一次见面，是2016年4月24日到26日，我与锦衣在湖北度过的三天。那一段时间，不知是不是因为看电视剧《芈月传》，想去湖北看看。锦衣说，她也是早想去湖北看看。锦衣安排妥当车票和住宿。我像木偶一样省心，依赖她牵着线。先在天门车站会合。她比我提前十分钟到站，她刚租到车，我就下火车，与她一起到市里去。我们去天门看棉田，去荆州看博物馆、走古城墙。我尤其喜欢她寻到的幽静宾馆，还有她携带在路上的旅行茶具。我们在那陌生的城市角落轻声交谈一些生僻的话题。她讲起她母亲的大半生，我讲起我去世一年的大弟弟。我问及她对自己出生前就去世的父亲的思绪，她宁静地告知我她的心声。也许，那个时候，我的潜意识里已经有模糊不清的畏惧，才冒昧地与锦衣交谈。殊不知，那个时候，我与父亲只余下一年的尘缘。

陌生的房间，就像一幅画框，把锦衣框在其中，我看到她挽着发髻洗漱，换上素色居家衣服。仿佛又回到高中时代的女生宿舍。不同的是，成年时代的锦衣，不到少年时代三分之二的体重，仅从体形看，反倒更似未成年少女的风姿。她的长发根根笔直飘散，腹部和十指没有一点赘肉或肿胀，看不出任何生育和操持家计的痕迹，眼神像鸽子的眼神，平和而神秘，有一种飞越千里也能找到回家路线的自信。

锦衣的神秘，并非故作神秘，那是她一向"论心不论迹"的人生风格留给我的感知。除了高中时代，她与我从未生活在同一座城市。但她似乎就住在我的隔壁，甚至生活在一个屋檐下。在我不知不觉中，她似乎总能"看见"我。比如，我记不得自己送过她我的书，她也不提及她买或者读我的书；她只是说"知道，你要写作，知道你忙"这类的话，或者随口提及我某本书里的细节。出版"纯棉时代·亲爱"系列的时候，编辑马英华设计过一个读者预定签名版的活动。等到样书出来，我去出版社签名，马英华告诉我，有人希望写下收书人的名字，也有人不需要作者写下收书人的名字。在不需要写名字的人中间，我竟然发现一个人的名字与黑锦衣同名，我觉得太巧了，有些惊奇。马英华把这个人的地址提供给我，我才知道就是我的老朋友黑锦衣。

湖北之行，我得知锦衣正在办移民的详情，她即将离开中国。我问她，除了为孩子读书，移民，还有别的精神上的因素吗？她说："有。"她说，她喜欢"everywhere nobody"这样一种状态的人生。同时，还有两个具体的细节，也是缘起。一是儿子上初中时，学校旁边有一个垃圾处理站。那是她无能为力，又无法忍受的。而在中国择校又很难。二是他们全家有一次去美国自驾旅游，在一个地方，她独自探索，在僻静的乡间，她看到一位女性的故居，那是一百多年前一位女性留下的生命痕迹，活生生地铺排在那里，似乎还在生长，而一般的书籍中却看不到。她说，她的生命原动力之一就是好奇心，她希望探索一种全新的生活，那种新生活犹如一种新的降生。说完，她对我说："对你讲这些话，就不觉得矫情。换个地方说，这样子就有些莫名其妙。所以，常常希望与你相聚或者说话。"

　　想不到，湖北之行后，一晃就是两年，我们才在北京重聚。这两年，对于我和锦衣，都是翻山越岭的岁月。锦衣在美国已经买了房子定居下来，孩子上了大学。锦衣在家里陪伴照顾自己和先生两边的亲人长住。似乎是迫不及待地弥补多年工作繁忙所欠缺的对家人的陪伴。这个过程也有不少奇人趣事，锦衣都分享给我。比如，锦衣的先生在后院里种的瓜，结了一百多个；庭院前面的大树，担心树太大被台风吹倒有危险，正计划支付昂贵的费用找人砍伐时，台风提前来了，吹倒了那棵树，那树所倒的方向位置恰到好处，正是砍伐所设计好的倒向。至于我呢，这两年，一直在试图理解逝去的父亲与我的缘分。我似乎发现，在我的同龄人中，锦衣与我的相处模式酷似父亲与我的相处模式；就像我发现另一位女友沈浮生与我的相处模式酷似大弟弟与我的相处模式；在另外一些朋友身上，我发现其他亲人或者亲人的混合成分。这些想法，当然只是我自己主观的想法，对我是有价值的。当父亲永逝，生死界限被打破之后，与世界的亲疏远近界限似乎也打破了。我触摸到锦衣所说的"everywhere nobody"的一些引申含义。

我似乎更明白父亲为何把"独立""自足""爱""亲人""朋友"作为他人生的核心价值和行动指南。学问和见识，能够塑造一个人，然而，任何力量都没有爱与死的结合对一个人的塑造力量那么强大、深邃。父亲在十多岁失去父亲后，放弃远走高飞的机会，留在祖母身边，孜孜以求就是有一个自己的家和几个孩子。他身上有一种宽敞的气度，博爱周围，又专注于最爱，能做到当下的一心一意，无限包容、理解他人，能自我隐忍，也能及时行乐。这些特质，在少年时代的锦衣身上就一直存在，我终于看得清清楚楚。

我又获得一个新的意识：我与锦衣的缘分，是我们的父亲所赐，我们各自模仿自己的父亲去爱对方，我们的相处很少波折。我有一位接近完美的父亲，她则有一位完美的父亲。我的父亲之所以接近完美，是祖父的早逝用寿命兑换了某些东西交给了父亲；锦衣的父亲之所以完美，是因为在锦衣的世界里，她从未见过的父亲再也没有遭遇生活的压榨与磨损，他以神的方式存在于锦衣的生命里，又附体在锦衣的兄长、姐姐、母亲和丈夫、儿子身上传递给锦衣无尽的爱。

也许，神通广大的爱是有七十二变的。缘分就在七十二变中变来变去，万变不离其宗。当锦衣与我遇见，好不容易遇见，我们珍惜时间，利用空间，保持恒常的牵系。在我们开阔的胸怀中，在周围亲朋的祝福中，正是良善的友谊，帮助我们探索一切爱中都应当有的自由，在自由中互相召唤、共同成长，成长中的最美，莫过于相爱者的比肩前行。

我想起一个半阴天，我走到一个月前与锦衣夫妇一起爬山到达过的岔路口，正在犹豫，是走老路到半天云岭观景台从"曹雪芹小道"去植物园，还是去走走通往南山的那条路看看有什么新鲜风景。正站在那里，收到一条微信，锦衣对我说："黑玉，静下来阅读了你近期的所有文章，有些细读几遍，不由得重回高中时代，重拾我们曾经的印记。祝福你的爱和爱你的，过去、现在和未来。"

我站在那里，对她说："锦衣，你刚才发来微信时，我正站在上次你们来时我们停留过之后就下山的三岔路口。上次忘了告诉你，去年冬天，你还没有来过这里，我也是刚走到这个三岔路口，你就发给我一张照片，说，你们正在新居附近爬山，还告诉我那座山的名字叫'魔鬼的庭院'。"

有一天，我偶然翻开大学毕业纪念册。在最后一页，锦衣写给我的赠言是"保存自己，和我一样"；在性格特征栏里，她写了"乐命达观"；在志向栏里，她写了"日臻完美，为自己为别人"。我想，一定是我的毕业季，锦衣路过我的学校时，欣然满足我的请求，在我的毕业纪念册最后一页留下她真诚的印迹。

2018 年 5 月 24 日初稿，2018 年 8 月 19 日修改

谁与

我推测，一定是王双玉的热情、友善、朴素、单纯、独立吸引了我，我希望与她成为朋友。当时，我朋友很多，既不寂寞，也不恐惧，不需要从她身上得到任何依靠。只是因为喜欢和欣赏。

她是另一个班的，住在另一间宿舍。我写了一张留言条，放到她枕头边，拿一个橘子压在上面。我们就此往来，至今往来。

1

在共处的时光中，我记得几个片段。

双玉某个周末回了一趟家，带来金黄的大樱桃，她在宿舍仔细洗干净，分给我一些，饭盒里还留下一把，她说带到食堂去给她同班一个女孩。给了那个女孩后，我们一起去买饭。双玉一向动作伶俐，她走在最前面去排队。我陪着那个女孩去水龙头那儿洗手，以便她吃樱桃。令我惊讶的是，到了水龙头那里，女孩把樱桃扔进了垃圾桶。金黄的大樱桃掉在垃圾桶里的样子，烙印在我的记忆里。

另一次是在插旗山。双玉、我、另一位女生和男孩劲草，四人小组春游。劲草发现两枚奇异的松果。他给我看了一眼说："只有两个，就不给你了，给那两个小妹妹。不然，一定会有一个人不高兴。"我赞同他那样做。多年后，有人问他，高中时候是否与我谈过恋爱，他说："我们是哥们儿。"他这话不假。后来在北京，我们都住在海淀区。大年初一，他到我家聊天，他九十岁的老父亲问他："大年初一，你去哪个亲戚家？"他说："我不去亲戚家，我去访友。"他来了，我们聊天到下午三点，忘记吃午饭。他说家里还有事，来不及吃饭就回家了。

记得有一天，在女生宿舍，坐在双玉的床边，她对我说，她喜欢劲草。但她接着说："如果你也喜欢他，我心甘情愿祝福你们，你俩很般配。"双玉那句话，深深触动我。连"爱情"都无法"离间"的同性友情，我遇见过，能再次遇见，更觉珍贵。

双玉也去过我雪坡的家，熟悉我的家人。多年后，双玉随口说起我母亲做的饭菜是什么，如何好吃，以及我家院子里种的各种花，尤其是她去时正在盛开的忘忧花。我是高中毕业后，带着男朋友一起去过双玉的家，认识她的所有家人，常常被她的五位姐妹提起。

双玉在重庆一所大学读书时，谈了男朋友。她买菜做饭时，带着女朋友一起。她发给我的照片上，双玉提着青菜。后来又看过她们的一些照片，无论站着、坐着，女朋友总是在前面，双玉总是以一种护着姐妹的姿势在她侧后方。

2

我高考很失败。去了一所专科学校，同学们寒暑假回家会在我那里中转。我常常会高兴地花光手里的钱。唯有双玉明察秋毫。她离开的时候，有办法悄悄把她身上剩余的钱留给我，替我解围。放钱时不让我觉察，又让我在她走后能够发现。不知她是如何做到的。

大学毕业后，双玉去了欧洲。后来又去了斯里兰卡，进入宝石行业。双玉生意起步的时候，她有一位至交姐妹，在太平洋一个岛国经营另外的生意。那位姐妹孩子小的时候，双玉放下自己手头的生意去帮助她。曾经遇到土人抢劫，土人的枪顶住她后脑勺，她能够镇定应对，保护了姐妹的财产，自己也毫发无损。

双玉的生意越做越大，那位姐妹却因为很棘手的原因，背叛过她。对于双玉，那是残酷的打击。内心深重的创伤，让她那张白雪一样的脸，仿佛被树枝拖过一样受了损伤。不短的年月里，双玉自己，既是印度洋的一颗宝石，也是印度洋的一颗泪珠。幸好，她有一位在内心深处真正爱她的丈夫，有一个非常懂事可爱的女儿。只是，远在欧洲的丈夫和女儿，并不常在双玉身边。双玉从小就显著的独立品质，在她身上愈加得到锤炼。有时候，她也说，她很孤独。尤其是生病的时候，只有丈夫和女儿回到身边，她才觉得那一切胜过所有宝石带给她的安稳和荣耀。

3

我不时听到双玉出差回国的消息，包括她匆匆忙忙到北京的商务旅行。我们不一定能够见面。有一次，她告诉我，她会来北京，她的女儿和四姐与她同行。我高兴地守株待兔，心想，毕竟她生意要紧，不必催促她，等她安排好了一切，随时通知我，我们就见面。

等到她通知我，在我家附近会合。吃了饭，送她们回到酒店，以为她还有工作要处理，我便主动告辞。她才说，是专程到北京看我，并无任何工作上的事情。

那个时候，我先生以自己的专利产品"贝多钢琴陪练机"开了一个"小而美"的工作室。他对我说："我可以以另外的方式养家。这个工作室也不唯利是图，做个小小的'高科技老字号'。其收益专门用来支持你的写作，你不要觉得自己没有工作，不是经济独立的当代女性。只要你精神独立，不只是为了稿费去写作，尽量不要写以后看了无地自容的话，其他都是次要的。"

双玉去参观了我们的工作室。到了那里不到十分钟，她就提出给工作室投资。我感到突然，并不同意。她就对我说，那位背叛过她的姐妹，后来有一个巨大的发展机会，她还是给她打过去三千万，借条都没有要。她让我们轻松对待她的投资，她不会过问任何事情，不会干扰我们的自由。我和先生终于被她说服。第二天，双玉离开。第三天，她就问我们要银行账户，要先打钱过来。

就在那一刻，我还是决定给她发一条短信郑重感谢她，谢绝了她的善意和商业眼光。毕竟，我和先生都不能轻松对待任何人的钱，我们担心给人家回报不足，无论对方是否在乎回报。我们自己在乎如何回报为我们付出的人。为了内心和生活状态的自由，我们唯一的办法，是谢绝太重的恩情。双玉也不再劝说我们。与她打交道，就像与一场夏天的阵雨打交道，很畅快。

另有一次，我刚搬家不久，双玉到北京。她有两件事要办：一件是邀请父母的老朋友们到北京玩耍，她全程接待；另一件是送走长辈之后，到我家做客。我一边打扫屋子一边等候她。物业公司临时有事，我要去办一下。双玉提前半小时到了我家，是我儿子给她开的门。等我回到家，发现，厨房水池里的碗，都被她洗了。

不久之后，我又搬了一次家。恰好双玉和女儿一起回国探亲，一起再来看我。这一次，她估算我搬家后还没有安置妥当，又与女儿住在我家旁边的酒店里。女儿走了，她才搬到我家住，帮我收拾凌乱的家，帮我搬书。

与双玉的交往，多年都是这么平平淡淡、自自然然、轻轻松松。与双玉交往，我体会到一种"地基"般的"爱与自由"，那优化了的母亲般的爱。

4

双玉给我讲家中母亲和姐妹在她小时候，如何爱她，以及在她疲倦的时候，年老的母亲，病重时候浑沉的母亲，如何以言以行清晰表达对她的深爱。那种爱，就像黑暗中的灯火，周围越暗黑，灯火越分明。

双玉说，她最爱老人。爱他们的无助和来路久远，爱他们像结满果子又献出所有果子的树，爱他们要面对的虚空和回忆。如果有机会，她希望去开养老院，希望亲自照顾老人们。

《诗经》写道："投我以木瓜，报之以琼琚。匪报也，永以为好也！"这是知己之爱的得偿所愿。《红楼梦》写道："我所居兮，青埂之峰。我所游兮，鸿蒙太空。谁与我游兮，吾谁与从。渺渺茫茫兮，归彼大荒。"这是个体孤独的不可避免。

双玉给我的启迪是，人要有两块玉。一块献给你来我往的爱，这是知己应答，是恩情相报，犹如献给父母的爱；一块献给有去无回的爱，这样的爱，能以德报怨，是一支射得更远的箭，犹如献给孩子的爱。

双玉给我的另一个启迪是：在爱我们的人背后，还有那些间接爱我们的人。所有奉献的爱，也来自汲取的爱。朋友就像一片绿荫，绿荫的来源，除了一棵树本身是什么品种，还有土地、阳光和气候，比如双玉的天生品性、家人、师友给她的爱的能力。有时候，一棵树，会遭遇斧头或雷电的伤害，如果依然挺立，其战胜创伤的能量，是这个"瓦全"世界里"玉不碎"的能量。

2018 年 8 月 20 日

浮生

高中阶段，我交往最深的女友叫沈浮生。在高中所有女友中，她是我最特别的"书友"。如果没有她，我会感到愧对自己的灵魂。我们的交谈常有一种"曲径通幽处"的别致，有别于其他交往。尽管从交往开始，就总是发生一些不尽如人意的事情。我还差点儿因此放弃高考。但是，至今，我希望她是我能够交往到生命尽头的朋友。

沈浮生的名字与她父亲喜欢的《浮生六记》有关。据说她父亲大学毕业分配本可留在重庆，同学中有一对恋人只有一个能留下，人家去求他，他就把自己的名额让出来。成全了别人，他孤身到一个小镇，一边当老师，一边像大学时代那样沉溺在中国古典文学中。

我与浮生相处的方式颇为单一，就是谈谈彼此看过的、正在看的或者想要看的书。

她的阅读趣味与其父亲近似，偏于古典文学。比起父亲喜欢的沈三白、陶渊明、苏东坡、孟浩然、王维这些人，她更喜欢宋诗，她也看琼瑶和金庸。她曾从其父收藏的多个《浮生六记》版本中，拿来俞平伯点校本给我看，我只是翻翻就还给了她。除了担心遗失损坏别人的宝物，还因为自己的兴趣被已有的偏爱占据。她也一样，尽管与我互相欣赏喜欢，我推荐给她《浮士德》《第二性·女人》《林中水滴》，以及不少有意思的新杂志，她也抽不出精力去看。我当时还喜欢三毛，如今我已经忘记她是否也喜欢。

1

高中时代，浮生留给我的记忆，不是与阅读有关的"故事"，就是交往中发生的"事故"。至今鲜明的记忆，是高考第一天的"事故"。

中考时，我就出过"事故"。住在考场附近的旅馆里，突然生病。打着吊瓶考完试，不知给老师和同学添了多少麻烦。那个时候，我还不认识浮生。按说，出了"事故"，就可能影响升学成绩，不能升到省重点中学去，也就不能在那儿遇到浮生。不过，因为初二开始，一门心思在学习上，成绩总是名列前茅，也就不怕因为"事故"打折扣。

高考前，父亲说他可以到学校附近住下陪我。我说："爸爸，你不要来。一个人不受打扰，对考试更有利。"

然而，到了高考第一天，预选失利回到乡镇家中并不参加高考的浮生不知为何到了学校附近，不知为何要找我，我也不知自己为何要在中午离开学校跑到外面的饭馆请她吃饭，而且点了她爱吃的红烧肉。后果是，当我匆忙回到下午的考场，我疲倦头晕到恶心。

只顾说话吃冷了的红烧肉似乎随时会从胃里翻出来。我感到难以坚持，举手向监考老师申请退考。监考老师说半小时后才能离开考场。我就趴在课桌上睡觉。小睡醒来，我不再恶心，头脑也清醒起来。我继续答题，参加完了高考。结果被本地区的师范专科学校录取。

如今想来，十分惭愧。不只是升学考试那天，从高二沉溺单恋开始，我对前途都是轻率的。我的精力大多放在看课外书、创办文学社、当学校的女生部长、写散文诗、交朋友。尽管这些方面，我也有收获。但是，未来，我将以不止十倍的艰辛，花费将近十年的时间，来弥补高考失败的直接损失，最终获得研究生文凭。到了四十八岁，才明白，高中时代贻误掉的是人生最好的顺理成章的自然时机。后来的十年尽管有所弥补，然而，我又连锁耽误了别的事情。其中一件是高龄才能生养孩子，另一件是因为生养孩子太晚，影响了我陪伴父母的晚年，使我在最爱的父亲去世之后痛心疾首。而且，为了挽救高考失败，我打扰过很多人，以获得教益和帮助，我欠下很大的人间恩情债，感到终生难以偿还，成为我一生的负担。"真正的聪明人，会偷懒的人，是该干什么时就干好什么，否则，愚蠢的人生就会欠下比金钱方面的高利贷还难以偿还的生命高利贷。"这，可以说是高考失败留给我的刻骨铭心的教训。

2

我为浮生感到庆幸的是，她复读一年后考到重庆一所很好的大学。高中同学中去重庆读大学的不少。有人告诉我，浮生在吃中药，在宿舍用酒精炉熬药，酒精不好买。我带着一壶酒精去看她。那是我第一次坐火车，酒精被收缴。等我到重庆时，快到就寝时间，就住在距离火车站更近的同学宿舍里。不巧的是，那个同学半夜忽然高烧呕吐，我照顾她去医院，等她从病床上睡醒，已经时过中午。我要去探望浮生所需的几个小时已经没有，只好立即去火车站，买了一张站票回到学校。

高中时代，不少男女同学和我都是朋友。寒暑假时，他们陆续从外面各所大学回乡，当年故乡唯一的火车站就在我学校所在的地级市。我成了他们的中转站，他们也顺便来看我。

有一年寒假，一如既往，除了浮生，所有的同学都送走了。浮生是专门留到最后，以图和我畅谈一宿。我事先也买了晚她两个小时的汽车票。

早上五点，送走她之后，我坐在床沿上就打起盹儿来。一觉醒来，发现距离我的汽车发车只有半小时。我一个激灵，背起行李就跑下女生楼、跑出校门、跑过洲河大桥、挤过早市、跑进汽车站台。

那班车开走了。为了招待同学，我几乎花光所有的钱，不能再买一张车票。

我只好重回学校。那时，才觉得行李是那么重，不相信自己刚才能背着那么多东西一路快跑。宿舍楼空无一人。我饿着肚子打起精神，把仅有的余钱用来坐市内公共汽车，拐弯抹角找到另一个班一位女生家，向她借了车票钱，去汽车站买了第二天回家的车票。

因为恐惧第二天睡过头再错过车，我不敢合眼。一向胆子小的我，一个人坐在平常住满全校女生的宿舍楼里熬过一夜，那滋味难以言说。当时电话设施稀少，我没有按照原来写信对家里的告知按时回到家里，父母那一夜和第二天，如热锅上的蚂蚁，老家小镇每一趟汽车到达，父亲都在那里寻找我，这是我到家之后才知道的情形。

大学时代这两件交往"事故"尽管印象深刻，但年轻时的心并不会胡思乱想，去胡乱评断人与人之间的相生相克。我与浮生一如既往地通信、寄明信片、互赠图书。至今记得，她写给我的话："喜欢默默地注视你，被你默默地注视；就像默默地喜欢你，被你默默地喜欢。"我也写给她："常恨言语浅，不如人意深。今朝两相见，脉脉万重心。"我大学毕业那一年，她托人带给我一本席慕蓉的《时光九篇》，在扉页只写下我名字的首字母，仿佛是一本自己的藏书。等我逐页阅读那本小书，我看到一片绛红色的七里香叶子。细细的叶瓣，恍若浮生的纤纤手指。拿起那片七里香叶子，我读到这样的句子：

清晨时为你打上的那一个结

到了此刻仍然

温柔地横梗在

因为生活而逐渐粗糙了的心中

那是书的第十六页，我想起十六岁，正是我与浮生在"云屏书院"相遇时的年龄。

3

大学毕业后，与浮生见面更难，但难得的见面，总与"事故"或不幸连在一起。

与浮生认识二十年时，我难得一次从北京出差到成都，时间充裕，与我一向往来密切的牡丹告知成都的同学朋友，说要相聚一场。她又告诉我，碰巧浮生当晚也要来成都。那次相聚满满两桌人，可以说是因我而聚。我像一朵被电吹风吹开的彩纸花，显得热情饱满，希望照顾到每一个人。唯独浮生，她是最深的心灵知己，并非场面上寒暄的朋友。我只是不时用眼神和她交流，一心想着第二天和她单独相处一日。没有想到，她是到成都为她母亲买点东西，第二天一早就要回巴中去上班。浮生离开后，牡丹深为浮生抱不平，觉得昨夜聚会上，我"八面风光"，却对浮生过于冷落，可以被理解为我对昔日情感的轻视。很久以后，我才知道，就从那次聚会后，牡丹开始从心里疏远我。

接下来与浮生的又一次重逢是在北京。那是我们认识三十年时。浮生陪她先生来北京肿瘤医院看病。天很热。我去医院找她。医院的空调很冷。检查结束，我请浮生夫妇和浮生先生的两位随行助理吃饭。我请浮生为他先生点些爱吃的菜，浮生把菜单推过去，叫着她对先生的昵称，说："你爱吃什么，自己点吧。"然后，微笑着端详我，蓦然现出中学时代那种纯真的表情。

她先生还在打电话，好像很繁忙地在安排头绪颇多几方牵扯的工作事务。看到她先生的那种状态，还是颇为浮生高兴，总觉得，她先生状态很好，也希望不至于有什么大碍。

那两年，我身体状况颇为糟糕。那天见过浮生之后，我回家就一病不起达半个多月。我没有打电话给浮生。后来再打电话，浮生已经回到老家。只是告诉我，他们在医院附近租房住过一段时间。对中间我没有去看他们，她毫不介怀。

又有两次重逢，是在故乡巴中。是我两次回老家探望病中的大弟和父亲。

第一次是深冬。与浮生约在茶楼见面。我们在一个包间说了一下午话。那个时候，大弟第一次下病危通知。浮生的先生已经病逝。那一次，在病床上，大弟对我说："姐姐，我已经看见死神的样子。"我当时心切，心惧，对他说了一些安慰的话。我知道大弟一生的不甘是什么，我就照着那个方向给他说了一些让他心安的话。事后，我又后悔那个时候说话，不知是否拦了大弟的话头。从小就金口难开的大弟，后来也没有再说什么。

第二次是初春。与浮生约在傍晚的街边接头，然后去她家。那个时候，我已经离开父母在瓦全镇的家，再到市里大弟的家中看他。那个时候，从病危脱险，又经历半个月昏迷，以及成都抢救之后，大弟已经失明。我一早去大弟家里，与他聊天。这一次，我有意倾听，大弟谈兴也有，还笑着说："姐姐，你小时候像个假小子。"中午，病人要午休，我也到二弟家中午休，午后又去大弟家。他的谈兴比上午还好，甚至谈起青年时代一些模糊的恋情。我在心里想到了浮生。高中时代，浮生去过我家。旁人觉得她和我英俊的大弟有夫妻相，而且都是腹有诗书，十分般配。当我想到浮生时，又觉得幸好她和我大弟没有成为夫妻，否则，她先后要照顾她母亲和丈夫两个癌症病人。尽管她先生也因癌症而逝，但毕竟不是我弟弟，我不用因此对浮生内疚。当然，命运的密码或许稍有修改，结局就不同。但，有些事情，也无法深想。

我心疼大弟媳照顾病人辛苦，不忍给她增加负担。晚饭时，我就与大弟告辞，去和浮生见面。我们无心吃饭，就在街边吃了一碗面。刚吃完，我就肚子痛，好在浮生没事。我想："怪事，明明就一碗滚汤白水面，我肠胃一向好，怎么又肚子痛。"难道，我与浮生在一起，总要发生点什么事情，让我体会以灵魂相亲的人，在世俗生活里就不得不狼狈吗？人生果然就是这么局促，这么顾此失彼吗？

4

浮生的家在一个绿化很好的院子里。我们爬上九楼，她开了门。女儿在外地读书，家里很宽敞，不过分整洁也不凌乱。满墙她先生、女儿和她的照片。那个完整的家就在那墙上。

我们睡在一张床上说话。我说起大学毕业时那本《时光九篇》。说起那个时候，她给我寄明信片的一个信封，即使已经在路途中磨伤了，因为上面有她写的几个字，我也要珍藏起来。

浮生"嗯"了一声。黑暗中，我确信她在微笑。她侧身朝向我，用两根手指拉住我的两根手指，我们继续说生命中的琐事、曲折与辛苦。浮生的声音一如既往地好听。说话时，仿佛点燃一支檀香，沉默时，仿佛燃尽的檀香变成白色的香灰。

我默默回味着浮生在照片墙上判若两人的样子。先是生完孩子后，发胖臃肿到我认不出的样子。后是她母亲和先生相继罹患癌症去世后，她脱胎换骨回到高中时代那纤瘦的样子。

夜深，我有些困倦和迷糊。

那张床，仿佛变成了大海，我仿佛在一艘船的甲板上，看见海中有一个婴儿在漂浮，那婴儿在摇篮里随着海浪起伏，目中无人，不惊恐，不哭闹。

我似乎又变得清醒，身边的浮生无声无息，我们俩的四根手指还是轻轻勾在一起，浮生的状态，似乎又从海中婴儿变成一场春雨，雨脚细密到看不见，只有闭着眼睛的大地和草木才能感知。

我们就那样，让四根手指依偎在一起，各自入自己的梦。

第二天早上，离开她家，走在门边时，我把自己喜欢的一条灰色细格围巾，从脖子上取下来留给她。浮生陪我去汽车站，我去成都，然后回北京。

与浮生见面的那一次，故乡和家园对我还是完整的。一个月后，我大弟病逝；一年后，我父亲病逝。与浮生见面那次，也是我在故乡与先父亡弟各自的最后一面。父亲葬礼前，浮生与我共同的好友问我，是否告知浮生前来，既为老伯送行，也能挚友相见。

我不愿告知浮生。

相似的遭遇，不一定能让两个灵魂紧密相依；而是相似的灵魂，让彼此的遭遇成为共同的遭遇。

那一刻，我觉察到，我与浮生相连的灵魂紧密到可以脱离所有现实。现实有时仿佛是我和她难以对付的怪物。我想，今生今世，与浮生，见与不见，似乎都不再有区别。也是那样的感知，让我略微减轻了失去大弟和父亲的悲恸，我意识到与他们之间必有另外一种"同在"。那"同在"源于曾经相通的灵魂。

我不知道是浮生和我各自生命里离去的两位亲人，让我理解了我与浮生的关系；还是我与浮生的关系，让我理解了我和她与各自离去的亲人的关系。我们与各自永逝的亲人，因为他们肉体的消失，泯灭了那深情存在的物质现实；另一个灵魂中的世界却冉冉升起，就像木柴化为灰烬的过程，我们触摸到火与热。

人，注定有一天要与至爱分离，不可理解的世界带走所爱，孤身前去的世界不可诉说。在活着的人间，预先所做的体验，就是寻觅知己或灵魂伴侣。知己与灵魂伴侣，在生的世界里，不为世俗与日常所阻隔；在生死之间，不为死所阻隔。不像有些关系，不见面，不常来常往，就会"时过境迁""人走茶凉"。知己或灵魂伴侣，是永在的。自己存在对方就存在；对方存在，自己就存在。自己有感，也是对方所感；对方有感，也是自己所感。或两位一体，或一体两面。在知己或灵魂伴侣之间，寂静是另一种语言，诀别是另一种厮守。

2018 年 4 月 16 日初稿，2018 年 8 月 21 日修改

如初

　　有一天，隔壁宿舍一位交往颇深的女同学李秀英告诉我，她每个月的生活费是几元钱，还包括卫生用品费用。我记不得自己当时固定的生活费是多少。碰巧那一次我记得，我当月手中有将近四十元钱。除了这些，我的母亲还给我做了一大罐子放了白糖和花椒的五花肉煎的肉油，以及一大罐香油下饭菜。当时在县食品公司的陈家舅母还给我送来一满钵重庆香肠。我很开心地与秀英和室友们一起分享。第二个月，父亲送来咸味芝麻粉拌饭很好吃，我也请秀英到我的宿舍与我一起吃饭……

1

　　某个周末，我到隔壁的巴中师范学校去找小米、温玉她们，五姐妹一起玩到很晚，我才回自己的宿舍。走到门口就看见李秀英站在那里。我问她怎么这么晚不睡觉。她说："你回来了。保温杯里的东西还是热的，你来吃吧。"她回到自己宿舍，提来一个红色的大罐子，打开递给我。我闻到一股浓香。她又递给我勺子和筷子。

我就站在宿舍门外院子里那古老的圆木顶梁柱下面，在微弱的路灯光下，一口气吃完了那一罐子炖猪腿，把汤也喝得干干净净。秀英安静地陪在我旁边，以她一贯持物时那种文雅的手势拿着保温杯的盖子。然后，她也不让我洗餐具，只是催我回自己床铺上去睡觉。

第二天，我见到秀英的母亲。一位年过六旬的、干干净净的老人。原来，昨晚那一罐子炖肉，是李秀英母亲在家里请人杀了年猪，立即背了肉，坐车到县城，又去学校附近李秀英的大姐家里炖煮了，让秀英用保温桶装了送到学校给我吃的。她母亲也同来了学校，说要见我，久等不见我回校，才去大闺女家住下，第二天又来学校见我。老母亲说，她的孩子多，快五十岁才生下最小的女儿秀英，秀英从小聪明会读书，但家里条件不好，孩子吃了很多苦。回家常说有朋友如何对她好。她这个当妈的，总想来感谢一回。

在那之前，在相似的情形下，我还吃过另外一桶炖猪腿，是另外一位同龄朋友九妹的母亲给我做的。我知道，以前，四川人对坐月子的妇女都要送猪腿，觉得猪腿的补养作用大，味道也好。猪腿是珍贵的，对秀英一家尤其珍贵。我就那样领受了她们对我的爱。那件事，最初对我是震惊，后来则成为我高中时代难忘的回忆。

2

还有一次震惊，也与秀英有关。

也许是当时不知道的气血方面的问题，青春时代，我也容易在生理期出血很多。一到生理期，我就容易陷入狼狈，总会污染衣物。因为身体虚弱，就把那些东西藏在床下，等到生理期过去再一起洗。有一回情况更严重，脏衣服把盆子放得太满，被秀英发现了。那又是一个周末，我依然一早去巴师校玩。傍晚回到宿舍，我发现，空空的宿舍里，我的衣服挂满了空中的晾衣绳。

那是冬天，那些衣服也没有滴水。应该是中午前后就洗完了，而且拧得很干。我疑惑了一阵子，跑去找李秀英，她说，是她、花草和另一个女孩尤良贞一起帮我洗的。

转眼到了毕业。那个时候，我尽管已经结束了自己的单恋，但还是在乎那个男孩子。到了撤离宿舍的时候，我担心背着用了三年的生活杂物，万一被那个男孩看到了，会留给他一个破破烂烂的不雅的形象，我干脆把多数杂乱的东西都扔了，只留下母亲给我的漂亮被子，我抱在怀里，送到陈家舅母家寄存，由父亲派人去取。

我弄完自己的一切，就去串宿舍，看看其他几位朋友怎么样了。秀英已经很艰难地打包了她的所有东西。她解嘲地说："就像难民搬家，想不到三年攒了这么多破烂。"她让我帮她把东西扶到她背上去，她要背到姐姐家。但秀英个子娇小，要背动那些东西十分吃力。我在四川女孩里个子算比较高的，因为从小挑水砍柴，力气很大。我眼里见不得活，忘记了那个男孩，拉开秀英，一下子就把那个鼓鼓囊囊的大包裹背了起来。秀英也就陪着我往她姐姐家去。

不幸的是，我们刚刚走出宿舍，走到校门口最敞亮的地方，我就看到了我喜欢的那个男孩。他那么优美，像一株小白杨，和那几个常来常往的城里男生正结伴走过我们身边，他偏头看了我一眼……那一瞬间，我仿佛被雷轰了一样，眼前漆黑，脑子一片空白。然而，我只能硬挺着。秀英只是感到一点异样，并不知道我内心的恐慌和懊丧。那就是我留在整个高中时代的"闭幕"记忆。

3

大约有这些记忆的功劳，高中毕业三十年后，秀英带着她的童年朋友袁梦君来北京与我重聚时，那如初的亲切没有变化，还有我们各自的成熟带来的自由。

秀英与梦君的体贴，我在事后才有全面的理解。

她与梦君突然出现在北京时，我住在酒店陪儿子考试。那酒店十分破旧，但我住的那间是那里面最好的房间，有客厅和沙发。秀英她们很方便打开她们的旅行箱，就在那儿沐浴更衣。等到儿子上午考试完毕，我们一起去饭店吃饭；饭后，她们坐在饭店里聊天，我回去陪儿子午休；下午，我把儿子送到考场，再去接她们回酒店房间；傍晚，我们再一起回家。

整个过程，我们都在享受"熟悉"和"久远之情"的恩惠。

到了我家，我做任何家务，秀英都像与我长期跳双人舞的舞伴一样，与我配合默契。

我暗暗觉得，这就是为什么我们当年在那么小的年纪会成为朋友，几十年不往来也不会隔绝。我们是老朋友，有老本可吃。如果是陌生人，同在一个旅行团，我猜，旅行结束我们也会成为朋友。秀英身上，早年就有的那种安静的、不动声色的聪明，像一艘帆、舵优良的船，使她善于轻快地航行在人际关系中；但那"穷人的孩子早当家"的懂事，又像一艘船必备的锚，令她在任何港口也是自重、自如的。

在浅水般流淌的叙述中，我知道秀英的生活很好。在深圳某个地方，她有一栋几层的小楼，在市中心还有套房。她的孩子在读大学，很独立懂事。所以，市中心的房出租。在那栋小楼里，一些亲戚与他们夫妇生活在一起，他们共同做一份事业，互相帮助互相提携。秀英的父亲早几年已经离世，母亲走得更早一些。但父母多多少少已经享过她的福。在这一点上，我为秀英感到欣慰。我又想起那位干净的母亲，那一保温桶冬夜炖猪腿的浓香。

梦君提起往事。她说很感谢通过秀英与我认识，说我曾经送给她蜡烛、稿纸等她当时急需的东西。她提到的事情我丝毫没有印象。但我知道，她从少女到成为祖母，这漫长的岁月里，她对文学痴心不改。当年她迷恋看课外书和写作，觉得学校生活妨碍她直接到达理想，所以她与另一个女孩干脆辍学，天天除了做家务，就是读书、写诗，连秀英也未能阻止她。我在高中时代与同学创办文学社，秀英就介绍我们认识。在贫困的农村，梦君需要蜡烛和稿纸，逻辑上是通顺的。

这次见面，梦君谈及大半辈子爱好文学的酸甜苦辣。她的丈夫，也是文学青年，他们因为文章事业成为恋人夫妻。说起丈夫，梦君面颊的笑纹是泛光的，就像下午的太阳照在微风吹皱的水面。那是令她满足的爱情。话锋一转，不幸这位先生后来得了病。这个时候，梦君再无法像当年辍学那样从生活里抽身，她要养家、养孩子、照顾病人，这三件事与需要独处安静的写作之间，有一条宽沟，她每天都得想办法越过。

她就熬，不放弃，后来有了成就，足以让她把工作变成文字工作。在四川老家的一座城市，梦君有了令她满足的事业与生活。但她又是慈母，忍不住去帮儿子和女儿带孩子。孩子大一些，终于可以脱手时，她又遇到一个理想主义题材。

在采访中，她碰到一个在很多百姓中享有口碑中的人。那个人是一位故去的县长。一位真正为老百姓做事的人。梦君对他的认可是骨子里的。在饭桌上，她就给我讲了很多感人的故事细节。那些细节，很像我父亲生前给我讲过的一些基层干部的作为。当我指出这一点，梦君说："是呀，这位'父母官'，他的心好像是上一个时代的，但他的头脑很好，很新锐。所以，他不只是有苦劳，也有功劳，百姓是得到最大好处的。因为那些好处，老百姓天天还在享受，有良心念恩情的人，就到处念叨这个人，就传到我的耳朵里。遗憾的是，在他去世三年后我才听说这个人。我本来在新闻口，采访过当地不少成功人士，但这个人的头埋得太深，埋在百姓中间，我发现晚了。"

梦君说，还是秀英建议她来找我，看看北京是否有出版社对这样的选题感兴趣。她很想为这个人树碑立传，这比纯文学梦给她的动力还大些。

我说："是呀，就像你为了给儿女带孩子把自己的写作排序在后一样，我能够感受到你对这个人的真心敬仰。"不过，我也遗憾地告诉她，这样的选题在一般出版社都不是热门选题。但我很愿意拜读这本书的草稿，她也答应写完之后发给我。

4

一周后，梦君和秀英一早离开我家的时候，我其实早就醒来，关在家中书房写作。原计划就在那天，我想把小礼物送给她们，还想陪她们去附近山上走走，再多说一些话。我给她们打电话，她们说已经到了798那边，下午就要去机场了。梦君说："我最清楚，写作需要安静，需要不被打扰。为了你的一篇文章顺利，我们就悄悄走了。以后再见。"秀英也对我说："聊天什么时候都可以聊的。见了面就好了。山，我们故乡也很多，以后回到故乡再一起爬山。"

原以为她们的归程是第二天，还是我记错了。

她们就那样不告而来，不辞而别。对于这样的"平民作风"，我是习惯的。很多时候，我也是这样的人。

一周后，我才有空到客房去看看，发现那屋子打扫得很干净，用过的床单被罩都洗了。在一张床的枕头上放着一封信，信的下面还压着一个红包，说是祝贺我儿子升了高中。那封信我喜欢，但那个红包让我心虚，担心是我照顾不周，得罪她们了，变相留给我的"旅馆费"。再说，我一向害怕红包，害怕礼尚往来心里增加惦记的负担。这是她们北京之行留给我的不安。

不过，慢慢我也就释然了。我又转而感谢北京这座城市，有那么多隆重的风光为远道而来的人增加旅行的价值。作为朋友，少谈一席话，少吃一顿饭，少送一份礼物，也就无足轻重了。

我一直在等待梦君的那部书稿。可是迟迟不见她发来邮件。我想提醒一下，又担心她的生活繁忙。何况，我也没有把握是否能够向出版社推荐成功，仅仅为了满足自己的阅读愿望，自然没必要给梦君急迫的负担。尽管故人见面亲近如初，毕竟各有各的生命轨道和节奏。果然，有一天，我特意去读梦君的朋友圈，十几个大大小小的欢乐的孩子，围绕在身躯丰腴、肩膀宽厚、满脸欢笑的梦君身边。长桌子上满是饺子，估计是孩子们的作品。我猜，梦君背后的厨房一定有一口热腾腾的大锅，翻腾着滚烫的水。小葱、花椒、大蒜、香醋的混合味道，也正飘在那热腾腾的水蒸气中。那些饺子，正在孩子的欢闹声中等着下锅……

有一天，另外的朋友来我家小住，去给她们设置客房门锁的指纹时，又想起秀英和梦君曾把我的家当成她们自己的家，在这里自给自足地住了一周。我还是感到欣慰，固然我不是最周到的主人，但我们彼此也并非纯粹的主人客人关系。**我们是那么久远的朋友，曾经亲如手足，又有多少瑕疵值得惦记呢？**

2018 年 6 月 17 日

花草

她叫花草。

她不叫"花木兰""花自芳""花袭人""花香""花如玉"。

她说，小时候，母亲叫她"花儿""花花"。

有一天，她父亲说："花这个字，听读起来想象起来都很好，眼睛看久了，却并不好看。草这个字，则相反，听读起来想象起来都不如花好，但经得起眼睛看，越看越好看。"

1

想起花草，最容易想起这首古诗："兰叶春葳蕤，桂华秋皎洁。欣欣此生意，自尔为佳节。谁知林栖者，闻风坐相悦。草木有本心，何求美人折！"

与花草相处，很容易像她母亲那样叫她"花花"或"花儿"。给她写信，顺手写出的就是"花草"二字。她的回信落款，有时候是"花"，有时候是"草"。

自从她父亲去世，她给我的回信越来越短，当她落款写"花草""草草"的时候，我懂得那最后一个"草"字是"匆匆忙忙草草写就"的意思。

手写书信的黄金时代，对于我是二十世纪八九十年代。与知己、朋友的心灵爱恋，也在那一段岁月。后来，我日常写信的对象差不多只有父母和花草两处。父母生活在他们的心灵时间里，手写书信是贴合的；花草生活在她教书的偏僻山村，手写书信是贴合的。

随着花草的父亲去世，我的父母开始用手机，我才结束手写书信。

2

在花草面前，我曾经无所作为，至今令我内疚。花草身上，乍看有一种凛冽的气质。在她面前之所以无所作为，是因为，那个时候，我也太年轻，看不见她凛冽下面隐藏的孤独。

而那孤独，恰好需要某些支持和反对。

在应该支持花草的那一次，我没有能够支持她。

那是高一。老师来上课，发现上一节课老师写满的黑板，值日生没有擦，有些生气地嘲讽我们。花草因为个子高，与班上另外几个体育特长女生坐在教室后排。但她几步就跨过教室，走到讲台，开始擦黑板。第二遍上课铃声已经响起来，她擦得很快。

当时班上有两位女生（其一是花草）胸部已经发育得很成熟，以现在的眼光看，那是现在有些女孩愿意花重金吃大苦去做隆胸手术，才能求得的结果。当花草快速地挥动上肢擦黑板的时候，她的身体也跟着自然扭动，她高耸的前胸就明显地抖动起来。那些青春期的男孩子们，也许是不知所措，就不约而同地哄笑起来。

就在那时，那个值日生，拉完肚子慌慌张张站在教室门口，鬼头鬼脑往里看，希望得到老师允许后进教室，老师生气地严厉地盯着他，又引起更大的哄笑。那位老师，更加心烦，误以为花草就是那个不称职的值日生，对她有些不耐烦，不客气对她说："下去吧，下去吧，不擦了。下次早点擦。"花草也不辩白，有些尴尬地回座位，因为快走，她高耸的前胸再次在同学面前颤抖。哄笑再次爆发……

我是被莫名其妙的哄笑伤害过的。初二转学到新学校第一天，因为英语课上朗读流利，反遭哄笑。从那以后，我厌恶英语发音，读到研究生毕业都是"哑巴英语"。幸好，我考研究生当年还不考口语。

当花草在哄笑中走回座位的样子被我看到之后，我已经在桌子下面攥紧了拳头，想象中，我把拳头猛砸在课桌上，大吼一声"别笑了"，当那哄笑变得鸦雀无声，再大声告诉老师："花草不是今天的值日生，她只是主动帮忙。"

然而，那个动作我没有真正完成。我没有能够支持花草。后来，我想起花草，就容易想起那一幕，伴随着挥之不去的内疚。

到了高三，有一天和花草散步，谈我们未来的人生理想。花草对我说，她有一个苦恼，她想辍学去当乡村教师，又舍不得未知的高考前程。

我问她："为何要在这个时候做抉择？为何不等到高考结束？"

她说，她的姐姐是教师，刚开了会，在瓦全镇一所很偏僻的学校，有两个五年级女学生遭到性侵，被父母打骂，被村人嫌弃，那位男教师已经被处理了，那个地方的家长不愿意再要男老师。可是，那儿太偏，女教师又不愿意去，因为有怀孕、生孩子这些不方便。她说，姐姐问她，高考是否有把握，如果没有，这也是一个就业机会。

我听了很惊讶，对她说："花草，你的成绩比我好，高考没有问题。你才十几岁，自己也还不成熟，去当老师也不一定合适呀。"

花草说："我不为就业，也不担心高考。我担心那两个女孩，太可怜了。就怕还有些可怕的东西降临在她们头上。"

过了两个月，期中考试成绩公布之后，花草与我再次散步深谈内心。

她说，这次她的成绩一落千丈。她姐姐写信告诉她，那个山村还是没有找到合适的女教师。瓦全镇的女教师凡是不在孕期和哺乳期的，都轮流去那里代课。大家都在抱怨，这样对那个村子的学生不好，对女教师的生活稳定和其他教学工作也不好。她的姐姐还告诉她，她们的小妹妹因为与祖母发生口角，离开瓦全镇，独自回到农村老家生活，很令人担心。

花草说，她很钟爱小妹妹。母亲身体不好，父亲有工作，家里三姐妹要留一个人在家里照顾祖母，小妹妹主动让两位姐姐读书。花草说，她一直觉得自己对不起妹妹。她想请假回去看看妹妹，但这次没有考好，还在犹豫是否请假回家。

过了两天，花草请了假，高兴地与我告辞，回去看妹妹。不过，花草这一去，我就没有再在高中校园见到她。

3

一晃过去十年。我高考失败，从师范专科毕业后，一边当乡村教师，一边背水一战地学习，考上研究生。在接下来的十年，我读研、找工作、工作、生孩子等，也曾遭遇仿佛是灭顶之灾的打击。与花草的联系，大多是间接的，也就是通过我父母口头中转我们各自的表面状况。

有一次，我请父亲帮我要到花草的通信地址，我想和她直接联系。半失散二十年后，我们开始通信。

我才知道，二十年前，花草回去看妹妹时，她晚到了一小时，并没有与妹妹见到最后一面。妹妹因委屈自杀身亡，给花草巨大的痛楚和迫切感。仿佛，偏僻山村那两个女孩，就是她自己的血脉姊妹，她担心自己晚到一步，她们也会遭遇不测。安葬妹妹之后，花草就去了那个山村小学。

花草的工作十分出色。那两个女孩辍学后，她一直是她们免费的家庭教师，更是她们的朋友、姐姐和母亲。花草学习心理学，输送给两个女孩很多自我救助的精神观念和方法。后来，她发现，只要环境不改变，私下和公开两次受损的女孩，还是无法更大程度地摆脱创伤。当她们成年，她就鼓励她们到城市打工，有更多见识，有更多自信。

在一封信中，花草给我写道："尽管我自己的人生不算成功，但在这两个女孩身上，我看到了成功。她们已经是很好的母亲，她们的下一代更有希望。"

也正是在伴随那两个女孩成为母亲的过程中，花草自己也成了母亲。如今，她的女儿已经成才。不难想象，她是克服了难以想象的艰辛，包括在这个物质至上年代里的物质贫困，凭借在很多人情感和精神贫乏的年代里，她却富有的精神与情感，渡过了难关。

不幸的是，前些年，花草的父亲病逝。他的父亲也是一位好老师。花草调回瓦全镇工作，以便她照顾身体不好的母亲。

这个时候，只要我回到瓦全镇看我父母，必定要见的人就是花草。除了父母，花草也是我在故乡的"龙珠"。

我们一起去树林里认识各种植物，我坐在她的菜园子里数出几十个蔬菜品种。我们谈论彼此熟悉的人，她给我谈她的家人、生活细节、身体病痛、自己的内心挫折、自己的所喜所憎、周围的炎凉。还有一个谈论颇多的话题，是她教的学生和她的教育心得。她并不宣扬她对教师工作的神圣看法，也不认为那只是饭碗。她谈到社会问题带来的教育难题和焦虑，以及她自己认为得意或者挫败的处理方式和结果。很显然，她既有师道尊严，也与孩子们打成一片。她不说那些留守儿童家长的坏话，只是理解底层父母们的难处。她也不憎恨富人，她的口中，没有"暴发户"这样的词语。她对生活，既不恨，也没有太多赞美。她内心的正直、纯洁，她头脑的清醒、冷静、变通，都非常吸引我。

由于她个性鲜明，有时候言辞犀利，在单位并不是宠儿。我的初中同学刚好新任那所学校的校长。我看过花草的菜园子之后，原本打算去拜访一下那位同学，又觉得自己多此一举，担心给花草那一向清明的人生篇章，添加了不合适的修饰词。

4

也是那一次，坐在菜园子的田埂上，我凝视四周的青山，与花草谈论我刚刚逝去的父亲。我万千追悔。花草也向我诉说她与自己父亲的临终对谈。她说："不知道那是临终对谈，我们父女一如既往肝胆相照，只说真话。然而，潜意识走在前面，我们一起总结父亲一生的得失，以及家庭关系的甘苦。父亲走后，我才意识到，那一次，我应该给他一些糖霜，最后一刻把他的意识变甜。"

花草和我都是父亲宠爱、信任的女儿。

不同之处在于，我的父亲一直保护我，只是把我彻底地当女儿，他到临终之前都在保护我，害怕死亡的残酷吓到我。大弟弟去世后，父亲让我不要回去参加葬礼，他说："你不看到，有时候，还可以认为你弟弟活着。"在急救病房，父亲半昏迷刚醒来，护工指着我问他："老爷子，她是谁？"父亲竟然笑颜顿开，说："她？你难不倒我。她是我的掌上明珠。"关于我，父亲留下的最后遗言，是他坐在沙发上对二弟媳说："你姐夫真是不错。人一辈子遇到这么好一个女婿不容易，人一辈子遇到这样一个女婿很幸运。"二弟媳转告我时，我不用想就明白，父亲那句话的深意是，他可以放心离去，当他带走自己的手掌，他的明珠已经有了他所认可的掌心。父亲也信任我，觉得我万事总有办法。但我清晰地意识到，我至今还是父亲种在庭院里的树。我留恋父亲的恩情，前半生一直保留着"女儿态"。

花草不同，他的父亲把她当知己；她的精神世界，从小就是独立的。她像风口上一棵勇敢的松树。她能够分享父亲的孤独。她父亲在剧痛中敢对她说："我真想一死了之，从楼上跳下去也行。"她也敢对她父亲说："好，你跳。你跳我也跳。"

我对父亲永恒的愧疚，就是没有成为他的"兄弟"。他固然享受过保护我的自豪，以及我对他顺从的甜蜜。然而，**分享你最爱的人的孤独，是多么伟大的幸福。**

父亲过世后，二弟媳才对我说："有一次，爸爸不舒服，他就说，不如喝一顿大酒，走了算了。"父亲过世后，我的婆婆才对我说："有一次，你爸爸打电话，说你兄弟去世，他怄垮了。"而在我面前，父亲的丧子之痛从未流露。正是这种含蓄的、强大的保护之爱，让被爱者永久感动、永久追悔。

在我的追悔中，花草说，每一种关系模式，都有其来由，有其得失。她向我描述过，她每次去看望我的父母，我的父母因为看见花草，而花草是我的同学，他们就仿佛也看见一部分我，总是喜出望外表示欢迎。我的父亲远比我的母亲含蓄，每当与花草谈论我，也还是像强光透过布帘一样，流露其自豪、欣慰和喜悦。花草被那印象所感染，再三重复传递给我。

我的父亲生前也总是向我细述花草去家里看他们的情形，花草一次一次带着自己亲手种的蔬菜去看我的父母，一次一次，把我带到我父母面前。

无论是对不幸的乡村女孩、对妹妹、对父亲、对同学、对同学的父母，花草的付出，更多是一种"背后的付出"，当她到北京，在我家小住一周后，我更看清了这一点。花草这种"背后的付出"，有一个人"爱这个世界"的孤独。当爱她的人去分享这种孤独，就能些许体会伟大的幸福。

那段时间，我因为健康等各种原因，没能陪同她游玩北京。她似乎也不需要我陪同。因为她去的地方，不是国家图书馆、国子监这样的地方，就是各所大学。她需要独自安静、向往地驻足观看。她是以乡村教师的目光，也替她的学生们体味在"知识殿堂""文化圣所""精神盛宴"之中的见识和感想。越过花草的背影，我看见她那教师的灵魂、母亲的灵魂、奉献者的灵魂。

让我们回到世俗之中，回到世俗的表达之中。花草是一位令过于丰盛的物质感到羞愧、不安的朴素、清贫的乡村教师，花草是一位有时候在世俗压迫面前也需要打起精神支撑自尊的普通人，花草是一个年轻时因为对苦难不可遏制的同情而被自己的责任心"断送"了世俗前途的人。然而，她的凛冽和孤独，却让了解她的人在内心深处为她重新选择一条幽径，以认同和钦佩与她相遇。为了她，我甚至希望把自己锻造成一把黄金的尺子，能够敬重地丈量她的分寸和长远。

2018 年 6 月 5 日

启蒙

在高中时代的同龄女朋友中，我曾获得两种启蒙：一是关于女性的身体，一是关于女性的理性。

1

初见胡小梅印象很深，她穿着圆领浅粉束腰连衣裙，穿着坡跟粉鞋子，有点像电视里时装模特走台步的样子朝我走来。那种走路姿势，与她浓密的长发、丰润白皙的微笑，有一种整体的和谐。这时只要看见她，估计谁都会注意到，她高耸的前胸，随着脚步一路轻轻颤抖。

胡小梅不喜欢学习，喜欢洗澡、打扮。但那个时候，学校好像没有澡堂。要洗澡，我们多半都去校外丝厂的女工澡堂。认识胡小梅后，她告诉我，酒厂的澡堂水更好，还说："闻着浓浓的酒糟味道洗澡，就像一边洗澡一边喝酒，风味不一样。"她总是邀约我和她一起去。酒厂澡堂与丝厂澡堂人一样多，水雾中也到处是白晃晃的身体。第一次去时，我们脱光衣服并排坐在湿漉漉的木条长凳上，等着抢一个空出来的水龙头。胡小梅大方地打量我之后，对我说："你太瘦了。恐怕比我少三十斤。"说着话，她站起来，像雕像一样在我面前静止地站了一会儿，然后问我："我美不美？初中时候，我的胸就很大，我不好意思，总弯着背。我大姐说，我这是现代美，让我挺起胸。"

那个时候，我还很少有女人的身体意识，过多的情感和精神笼罩着我，我的眼睛还没有睁开去看肉体。

我的零花钱很多，吃饭社交之外，都用来买书。邮局的新杂志，我喜欢的都买。同学要借看，如果我还没有看完，就把那杂志一撕两半，把看过的给同学，自己看剩下的。

有一次，路过夜市，买明信片的时候，那位老板怂恿我买一件鲜艳的红衣服。买就买。回到宿舍，有个女孩子喜欢极了，我说送给她，她不愿意，非要拿一件衣服和我换。她打开衣箱，让我随便挑。我挑了箱子最下面一件宽松的灰色细格子短袖。她说："天哪，你怎么挑的！这是我妈的旧睡衣，错带到学校了。换一件吧。"我还是要了那件纯棉细格子短袖，喜欢它舒适的手感和穿脱自如的宽松感。

当年，我二舅在广州工作，给我买回几件漂亮的夏装，同学看了都不习惯，觉得突然穿那样漂亮的衣服不是一贯的我。有个女孩看上其中一件黄色木耳领真丝衬衣，我就送给她。另一件紫色荷叶边连衣裙，我第一天穿到教室，男同桌就搬走不愿意与我同桌。我十分困惑。到了暑假，他才写信给我，说当时看到我穿那件裙子，忍不住想"HUG"我，所以他搬走了，特意写信给我解释。我当时不认识那个单词，查字典才知道是"拥抱"的意思。冬天，二舅又给我寄来一件苹果绿羽绒服。我穿上之后，又在外面套上我常穿的蓝色外套。到了课间，坐在我旁边的一位城里的女生对我说："你真是宝气（四川话里'很土'的意思），羽绒服外面还穿外套。"

不过，还有更"宝气"的事情。我开始穿文胸，是认识胡小梅不久前的事。当时，我总去一个书摊买书，有一个大热天午后，那个老板看周围没人，轻声对我说："姑娘，也别只顾买书看。你等一下。"他去后堂，叫出一位妇女，大约是他的妻子。就是那位女士带着我到旁边一个摊子，帮我挑了两件白色的棉布文胸，还告诉我怎么穿。

在酒厂的澡堂，我很自然就向胡小梅提了一个很傻的问题。我问她："你姐姐让你享受嫉妒，为什么有人会嫉妒你的胸呢？"

她正哈哈大笑，眼睛的余光注意到有一个水龙头空出来了。她一步抢过去，把手中的毛巾搭在水管上。她让我过去和她一起用热水，别冻着了。大约我性情里的拘谨那个时候又发作了。我除了注意别在水温不稳定时被烫着或冷着，就是注意别碰着她的身体。而她，一边与我说笑，一边竟能在水雾蒙蒙中发现隔了好几个人之外，又有人要离开水龙头，一下子就过去占据了它，再让我把毛巾扔给她，把原来的水龙头留给我。

不幸的是，穿好衣服后，胡小梅发现，她口袋里的钱丢了。她有些难过。告诉我，她爸爸是老师，大姐在读大学，她和二姐读高中，母亲身体不好。她不好意思问父亲再要一个月生活费，丢掉的钱是昨天刚送来的。接下来那一个月，我尽量邀请胡小梅与我一起去食堂吃午饭或晚饭，我们买一样的饭菜，我支付两份饭票。我们便有了机会说很多话。

2

胡小梅告诉我，她大姐说的"现代美"就是她那样的，胸大，身体有曲线。她大姐还对她说："如果你不确定爱不爱一个男人，就试试看，是否愿意与他接吻。这个检测是最准确的。"

她又对我说，女人并不是像植物那样老实不动，有些女人是很活跃的动物。她说，她读初中的时候，到一个适婚年龄的表姐家里去做客，表姐曾悄悄摸她的身体。她从梦中醒来，知道是怎么回事，假装翻身，就替表姐搪塞过去了。小学阶段，她看到两个女孩子模仿父母做有些事情。上小学前，她村子里的男孩女孩躲在草棚里学赤脚医生给两个假扮妇女的女孩"安环"。她还给我讲过很多奇奇怪怪的事情，都是她所在村镇有名有姓的人身上的事情。当时，我觉得那些故事并不是多么陌生，仔细想，我在老家的村镇似乎也听说过一点。对于我，那些事情都只是一些零散的故事，是现实中像花草树木一样存在于人中间的故事。我感到惊奇的是，在胡小梅那里，那些故事不只是零散的故事，而是她头脑里围绕某个中心思想构成的一篇很长的课文。仿佛，她有一个观念的箩筐，这些故事是分门别类的，这些故事从不同的角度启发她对生命的理解。

成年以后，当我读到"海蒂性学报告"的《男人篇》《女人篇》《情爱篇》，我又想起胡小梅。她算是我中学时代一个最特别的女朋友。她的功劳是，当我在未来理解"性感""风情"这些词的内涵时，可以追根溯源到中学时代埋下的这些词语的种子。**是她，让我那么感性地窥探到教科书和课外书上都没有的某些生命秘密。**

胡小梅也是一个严肃和幽默感混合在一起的女孩。

有一天，她一副开玩笑的样子问我："嘿，你真的不羡慕我的胸吗？"我想了想，不知如何回答她。只好反问她："那，你羡慕我喜欢读书吗？"她说："对这一点，我没有感觉。我从小不爱看书，好像大姐二姐把我的份额用完了。"我说："我也一样，对女人的胸还没有感觉。"

她说，她对学习越来越没有兴趣。这辈子就想过传统女人的生活，嫁给一个可以依靠的男人，生儿育女。她说，反正，她二姐刚考上很好的大学，她的父母对她本人也没有多少要求。她甚至都想辍学回去"围个亲"（四川话"相亲"的意思）。

就在那个时候，我的一位学霸朋友凌云从大学给我写信，说追求隔壁大学的一个女孩失败了，问我可有女朋友介绍给他。

我把那封信给胡小梅看，问她可愿意与凌云互相了解。她同意了。他们之间开始通信。大约几封信往来后，凌云在称赞胡小梅性情温柔、善解人意之后，有些疑惑地问我，胡小梅学习成绩怎么样，他几次发现通信中她写了错别字。而且有些字重复出错，明显不是临时笔误。不知道是心不在焉，还是别的问题。如果学习能力不强，他担心将来遗传给孩子。

我当时很吃惊，一个不声不响的男孩子，不到二十岁，竟然考虑到子孙后代的遗传问题。不过，胡小梅也有些嫌弃凌云个子不高，她也是从遗传方面考虑，只是胡小梅的成熟不再让我吃惊。他俩也算是公平友善地放弃了进一步交往。只是双方都不知道对方的原因。这位性感迷人的女孩和这位智商很高的男生互相放手之后，别人不要的机会就属于了我，这个男生后来成为我儿子的父亲。有时候，儿子学习状态不佳的时候，我先生就说是我的遗传。儿子将来个子也许真的不会太高，但愿他不会怪我选择不当。胡小梅毕业了，没有考上大学，也没有复读，我们就此失散了。她后来的人生怎么样，我也无从知晓了。

我大学毕业后，在单位遇到一位阿姨，与胡小梅各方面酷似，就是年龄不同。那位阿姨，在单位总部做一份轻松的行政工作，她丈夫是单位中上层管理者。这位阿姨温柔贤惠，讲究穿着，漂亮中隐藏着性感，备受丈夫宠爱。我也很喜欢与他们一家交往。看到阿姨时，我也默默祝愿胡小梅在我不知道的地方过着她理想的生活。

3

相对于青春期的精神发展，胡小梅让我看见蓬勃的肉体；相对于情感沉溺，高中时代还有女朋友给我理性的启蒙。

分到文科班之后，我与另外几个女孩不知不觉走近。夏日周末，我们去巴河游玩，在清澈的河水中，不知是谁提议，我们就此结为"水氏六姐妹"，各自取一个带"水"的名字，按照年龄排序分别是：水芳洲、水舲、水女、水云、水歌、水桑。

水桑，是我至今还在密切往来的黑锦衣。我们将近三十五年的友情几乎无瑕疵，而我与其他不少朋友闹过矛盾，我想，这不得不归功于水桑身上早已成熟的理智和她对我深切的爱。与她交往，我自然受到不少启迪和影响。

水歌学习非常好。她当年好像是女生中的状元。她身上有一种十分老成的味道，我曾建议她报北大，她不。我问她为什么，她说："高处不胜寒，寒冷的地方会长很硬的木头。他们固然是社会的栋梁，但那些极其聪明的人，大多是寡情的。我害怕与寡情者为伍。我喜欢重庆人，他们刚烈而热情。"果然，水歌去了一所重庆的大学。毕业后，去了一家著名的企业。不久，她又离开了那家企业，回到故乡巴中，守在父母身边。熟悉地方文化的人就知道，巴中话，是甜如蜜的，不是川西软语那种音调的甜蜜，而是措辞的甜蜜。水歌像一个喜欢吃糯米的人，总觉得糯米比糙米好吃，一直在故乡过着她满足的甜酒一般的生活。我惊讶的是，当年她并未曾生活在"高处"，她是以什么逻辑推论出了那番话？姑且不论她说的是否可以验证，我只是奇怪她为何能够说出来——就像她平常嘻嘻哈哈，看不出任何努力学习的迹象，却会考出状元来。

水云与我之间，也有很多值得回忆的片段。但打动我最深的是其中一个画面。有一天，她的母亲去学校找她，她拉着母亲的手，十分愉快地把母亲介绍给我们。水云微微扬起的象牙白的脸，洋溢着蓬松的喜悦，像一朵盛开的棉花在太阳下充满温暖，风吹得她细软的发丝在肩头飞舞，那天然偏黄的颜色仿佛是被融化成水的金子染过的。对于青春少女来说，那美也许是理所当然的，甚至可以说是平凡的。但那一幕刻画在我心里，三十多年至今不变形不褪色。那还只是一幅画的右边一半，那幅画的左边一半也是同样的。也正是那左边的一半仿佛成为打在右边一半上的光，使之耀眼。那左边一半，正是水云的妈妈，因为外伤失去视力后，肌肉萎缩形成的皱纹，锁住那只眼睛周围，像一碗水在寂静里无端生出一个神秘幽暗的旋涡，让人不安，也让一张秀气的脸残疾突出。当这对母女离去，我听见旁边有人在议论，说水云没有虚荣心。我也领悟到，那是一种爱得笃定的理性，对于十八岁的少女，那是比美貌更为稀缺的。

水女是高中同学中说普通话不说四川话的人。因母亲是四川人，她从内蒙古回来读书。她很有亲和力，与同学们打成一片，大家都很愿意和她交朋友。我想，她在内蒙古故乡一定也有很多朋友吧。但她从不谈论过去的朋友，好像她从来没有朋友或者把他们彻底忘记了。有一天，我去找她，看见她坐在宿舍的角落里埋头低声哽咽，哭得肩背耸动。我走到她前面，见她指甲长长的手里捏着几页写满字的信纸。看到我，她吃了一惊，赶紧放下信纸站起来，用手背抹去泪痕，笑着和我打招呼。我问她怎么回事，她说："嗨，没事儿。

就是收到发小的信，想他们了。没事儿，没事儿，没事儿。"她几个"没事儿"下来，我也只好跟着转移话题。这件事，留给我很深的印象。

后来，电话普及起来，无论我处于如何糟糕的状态，接起电话，就会换一个人，以应有的热情礼貌说话。我猜，这就是水女留给我的影响。至于她那种"惜取眼前人"，彻底投入当下的选择，我却很难学会。很长时间，我总是牵挂过去，纠结未来。高中毕业，水女考回内蒙古大学。我想，她又会"一身轻"地投入新的生活，把我们这些四川的朋友"忘记"。果然那样。但是，有人去内蒙古找她，她又极亲。回到四川来，她也会与老朋友极亲。她似乎只是在意面对面。后来，一位成熟的朋友对我说"既往不咎、当下不杂、未来不迎"是他的处世哲学。这不就是当年十几岁的水女所呈现的生命状态吗？看来，"十七岁的自己远比我们想象的正确得多"，这句话是适合水女的。

4

水舲的"舲"字是带窗户的小船，在《楚辞》中有这个词。水舲，虽然只是一个好玩的别名，但与水舲是合拍的。她的父亲当过我们的语文老师，好像还是学校的副校长。她颇有一点"大家闺秀"的味道，好像父亲的家族在天津。她第一年考了不错的学校也不去读，而是来与我们同学，不紧不慢再读一年，考到南开大学。

她给我最深的印象是一丝不苟，不紧不慢。她整个人的味道，包括身高长相，都像一件质地上好的手工旗袍，图案规则、盘扣整齐，针脚细密，绝无半个多余的线头。她的作业本、笔记本、卷面上写下的文字、数字或符号，都像是誊抄第七遍时的样子，没有任何杂乱。后来听到有人说"慢就是快"，我也会想起水舲。她从未慌张过、忙乱过、急迫过，只是不紧不慢，但她似乎还比急性子多做了三倍的事情。

分别三十三年后，我和水舲在北京一家泰国餐厅"金莲花"见面，她还是老样子。大约岁月也适应了她的节奏，走在她容颜上的时针，与她的真实年龄还有不小的距离。那天，我终于问了过去一直想问没有来得及问的问题："为什么你总能做到慢条斯理，很少出差错？"她说："我好像就是喜欢把什么都在心里先想清楚，想不清楚就不动。"

后来，我看她发在朋友圈的旅行纪事，在好几个国家，她都在打乒乓球。碰到有人打乒乓球，她就开朗友善地希望加入，别人就欢迎她加入，无论是大人、孩子，还是男人、女人。在旅途中打乒乓球，似乎与那些背着跑鞋旅行到哪里都要跑完每天特定步数的人稍微不同一点。因为哪里都有脚下的路，但并非哪里都有乒乓球桌，还有对打的人。我不知道，乒乓球桌和运动伙伴，是不是她"想出来"的，就像被阿拉丁神灯"吐出来"一样。这个女子，有意无意留给我一些神奇感。

在"水氏六姐妹"中，我给自己取名"水芳洲"，是因为当时大家刚提议完毕，我举眼一观，面前就是一个开满草花的水中小岛，我就不假思索把自己叫作"水芳洲"。我长时间都完全依靠感性一举一动。姐妹们尽管也是感性的女子，但她们身上有我缺少的理性，时常深深吸引我，切实地影响我。就像水中芳洲，有碧水围绕，方得一片葱茏。我多年来在内心感念她们。有时缘聚，有时缘散。无论见与不见，往来与不往来，我都相信，我曾经的姐妹们都会在这个世界上，各有各的福报，愉快地度过人生。

2018 年 6 月 8 日

预感

有一天，孔小彻送给我一朵黄果兰，很珍惜很郑重的样子，与那朵花依依不舍的样子，仿佛那是她的一根头发，要忍痛拔下来送给我。

那时，在街边，几分钱能买一大捧或者一长串黄果兰。有时候碰到一个穿着干净蓝布衫的妇女，戴着头巾，守着一小堆带露的花苞，哪一朵我也舍不下，就全买了，随意送给碰到的女同学。

1

6月前后，黄果兰含苞欲放的浓香四处飘散。

故乡四川的城镇，永远像个巨大的厨房，总在飘散食物香味。幽兰与栀子这样的花，其香味，是不能与花椒麻椒油辣椒的香味抗衡的。冬日寒冷，川人关起门来吃喝，蜡梅孤清的香，仿佛是钻了空子才能远扬。桂花与黄果兰（也叫缅桂花），在四川，是夏秋适宜的花。其清香绝尘，浓香远溢，不怕与香浓的川菜和露天宴席为伍。不同的是，桂花是盛开时最香，黄果兰是含苞欲放时最香。

黄果兰的花语是"纯洁的爱，真挚的爱"。

孔小彻不是随便送礼物的人。除了那一朵黄果兰，她还送过我一朵花梗极细、花瓣极薄的粉色花，可以像书签一样夹在日记本里，她说那叫"十三太保"。但，并不是我后来特别喜欢的剑兰。

剑兰也叫"十三太保"，其花语是"怀念"。

除了喜欢它的花语，我还喜欢剑兰高长的花枝、极长的叶子，喜欢它饱满的花蕾均匀分布在枝叶之间，它们颜色丰富，花期很长，含苞和盛开各有风姿，是插在花瓶里最像"树"的花，只有插玫瑰百合的高花瓶，插剑兰才合适。

高中同学，故乡地缘，使孔小彻与我都还在共同的熟人朋友圈子里。但是，我们之间再无直接往来。我从朋友那里要到她的微信，请求加她，她没有通过我。**一个无法轻易放手的人，接受拒绝和目送背影，是应有的责任。**其拒绝，只是让我接收到明确的信息：不要再打扰她。

不再打扰她，也可以通过共同的朋友，听到她的消息。幸好没有错过她母亲去世的消息，托朋友带去一份奠礼。她十分大气地收下了，转回给我"谢谢"两个字，仿佛就从她那边替我们的关系画上了句号。即使未来彼此还有牵连，我相信，那已经是一个新结交的朋友。

　　小彻的母亲，非常慈爱、真挚。当年，我偶尔会在晚自习后与孔小彻一起去她家住，阿姨会亲自给我烧洗澡水。高中毕业后，我带着男朋友（后来成为我先生）去她家，阿姨做了凉面，男朋友吃了几口，不太习惯那种味道。尽管我很喜欢吃，但当时，与男朋友之间还是比较有距离，不懂得替他解围。阿姨开朗地说："没关系，你可以吃米饭，把凉面给我就是。"我看到这位长辈若无其事就像母亲吃自己孩子碗里的剩饭一样，吃了我男朋友碗里的凉面。那件事我印象很深。因为我有点洁癖，连父亲给我夹菜，我都不吃。

　　这位亲切慈爱的母亲，对我的男朋友无疑是真诚友善的，但她对我更好。她观察了我男朋友几个小时之后，拉我到一边，轻声告诉我："这个男孩子禀赋资质都很好，人品也不错。但是，他性格内向，不善于照顾人，不喜欢交谈、应答。你将来在婚姻里，尤其是有了孩子，会比较辛苦。你才高中毕业，不要急于订终身。"

　　第二年，我自己的母亲也对我说过类似的话。我母亲看到我决意不离开男朋友，只是简单对我说："不爱说话的人，不会照顾人的人，恐怕以后会让你吃苦。"

　　在我心里，孔小彻的母亲，是如亲生母亲一样对我掏过肝胆的人。当她过世，孔小彻收下我送的奠礼，在我看来，是看在昔日朋友的份上，善意成全我的心意。她确信，她不给我这个机会是不合适的，那是我与她母亲之间的事情。

现在想来，孔小彻的家境，是我当时认识的同学朋友中最好的。她父亲是当地的权势人物，在家里沉默威严，给我碉堡一样坚固神秘的感觉，而她妈妈则是家里那个总在忙个不停的母亲和祖母，这位阿姨又像花朵一样芬芳，众多的孙子像蜜蜂一样绕着她飞个不停。孔小彻有八个哥哥，把她这个唯一的妹妹宠到极致。当时在同学中间，说到孔小彻，即使是对人间势利不敏感的高中生，也因为她举手投足中流露的味道而不由自主地看重她。那种味道，是优美、优越、矜持、敏感和不易觉察的青春期暗伤混合的味道。

3

我不知如何与孔小彻成了朋友，还走得那么近。

原本我是一段青冈木，她是一个瓷器。我身上充满荒野的自然气息，而她是被人情世故和文化教养煅烧过的。除了我们都喜欢看书，都喜欢诗歌，我猜，我们的交集，还有青春期的情绪暗伤和多愁善感。

我们遇到的事情很相似，都是在情窦初开的年龄，爱而不得。但，我们处理的方式不一样，结果也不一样。

她是市民阶层的女子，我是乡下女子。

她的方式，是关起门来，自我消化，保持外在的优雅。我的方式，是原野的方式，花开花谢都一览无余。对于孔小彻的事情，我是少数倾听者之一，但无法对她有所帮助。反过来，她却能帮助我。她自告奋勇要替我去找我单恋的那个男孩子谈一谈，要他给一句痛快话，是死是活让我早点明白。

晚自习后，她先陪我回到她家，她再下楼去找那个男孩谈。我在她家忐忑地等到深夜，她回来了。转告男孩子的话说，无论如何都不会喜欢我。

就在那一夜，我死了心。我至今非常感谢孔小彻的仗义，以及那个男孩的清晰、坦诚。

我开始转头准备高考，尽管时间已经非常紧迫，但是，我还在与后来的男朋友写信，告诉他，至少从形式上，我结束了单恋，把自己定义为奔向未来的人。

瓷器受伤，会留下永久的裂痕，那是精致与文化的负担。青冈木砍掉，会在原来的地方重新长出坚硬的树木，这是原始和大自然的自我复原。

高中毕业后，我们在不同的地方继续读书。

那个时候，我的家人反对我与男朋友交往。孔小彻那里又成了我们的联络点。她再一次雪中送炭。我的男朋友对她也十分感激，忍不住写信对她说："小 K，亲爱的小 K……"

孔小彻和我之间，写过很多书信。那些信，除了文字带着当年的青春气息，还有那个年代那些别致的彩色信笺、信封和邮票。一些明信片，我们写得更加富有诗意。记得有一次，孔小彻写给我的一张明信片被邮局投错，被一位先生收到了。他把那张明信片装在信封里转寄给我，还附一张简短的字条，大意是被两个女孩子之间那么美的情意所感动，不忍其遗失，完璧归赵。

不知道那位男士是什么样子。大约，他能从孔小彻的字迹想象更多的美好。当年，每看到孔小彻的字，我都会想到她的样子，眼睛、肤色、手足，都有不可挑剔的美。如果好久不见，刚见面时，她还有一种独特的打招呼的动作，是侧身扭过头看你一秒，又立即扭回去，装作故意不理你的样子。颧骨上的淡粉胭脂、红色唇彩和咖啡色眼珠一起笑着，假装不理你的样子，那是一个舞蹈动作的慢镜头。如果你视线灵敏，你还会看到她的细腰，以及充满弹性的双脚，与眼神协调一致的全部姿势。

美，对于孔小彻是第一位的。

她到我教书的小镇看我，穿戴已经足够美。我带她出去吃饭的时候，她还要重整妆容。她说："要足够美，要给够你面子。"

后来，她与男朋友一起到北京，住在我租的房子里。她的到来，让我不得不想起"蓬荜生辉"那个词。

我有一次坐火车去看她。到了她的工作单位，找到她的家。她的家里，临时出了一点状况，她不愿意我留下"不美"的记忆，让我给她一点时间，就轻轻关上了她的门。我只好到那个学校的操场去散步。那是寒冬的一个周末，操场空无一人，只有高耸的旗杆上国旗在风中飞舞。她好像把我忘了，直到天色灰暗，到了黄昏，我们才见面。

当时，我的内心一定有些煎熬。但，那天的寒冷、空旷、旗帜、风、天上云的变幻，却永远烙印在我记忆里。后来，每当回忆起那天，我就会想起里尔克的诗《预感》：

我像一面旗帜被空旷包围，

我感到阵阵来风，我必须承受；

下面的一切还没有动静：

门轻关，烟囱无声；

窗不动，尘土还很重。

我认出风暴而激动如大海。

我舒展开来又蜷缩回去，

我挣脱自身，独自

置身于伟大的风暴中。

想来，这也是以美至上的孔小彻，无意中留给我的一个寒冷而美好的记忆吧。

后来，我介绍孔小彻和另一位女友桂紫云认识。她们都在同一个城市工作。

桂紫云是我的另外一位好友。她也喜欢舞蹈，身上也有平衡诗意与现实两极的能力。我和她之间，也有很多书信往来。她们俩还有一个共同点，都爱美，并在内心保留一个不向任何人开放的密室，作为自尊心的化妆室。然而，生活有时候会冒犯自尊且爱美的人，她们的办法都是以"讲笑话"的方式与这种冒犯周旋。

　　由于有讲笑话的天赋，她们有时候会扩展笑话领域，有时候反复使用发生在朋友身上的笑料。我因为与她们关系很近，有时候又糊里糊涂，或者有一些在她们看来古怪的言行，因而就变成她们最好的笑料。我知道，她们并无恶意，那只是她们的某种表达方式。她们像实验室的科学家，因为眼睛前面有显微镜，有些肉眼看不见的细菌就会被她们活灵活现地描绘出来。而我，恰好害怕那种描述。这种不匹配才是关键。

　　与这两位女友做朋友，我不可能没有给过她们困扰。比如，桂紫云当面抗议过我"纠结"。我因为珍惜她们，甘心情愿在忍耐中当她们的笑料，就像对某些过敏的食物，冒着危险，不断尝试看看是否有一天会"脱敏"，所以，我没有告诉过她们我的感受。这是我的责任。现在，我决心说出来。

　　我向来喜欢让我的朋友们互相结识。一次次搬起石头砸自己的脚之后，还是没有改悔。不知其用意何在。第一次砸脚，就是介绍孔小彻与桂紫云认识。比起那些介绍同性朋友与自己伴侣认识，最后自己成了局外人的人，我的伤势要轻一点，不过还是很痛。

4

孔小彻和桂紫云成为好友，我并不嫉妒，那甚至是我的初衷。但是，失去孔小彻和失去半个桂紫云，却不是我盼望的"报应"。

还是心直口快的桂紫云告诉了我来龙去脉。她与孔小彻在一起说起我的时候，自然就说到她们分别与我的交往，以及我写给她们的书信。她们发现，我竟然对她们写过同样或者近似的言辞。至于她们在我之外，是否给其他人写过近似的信，大约被她们自己忘了。**爱好真善美的人都有一个共同点，就是很容易记住自己得到的，而大度地忘记自己付出的。**我想她们也不例外。

不幸的是，在她们的双重显微镜下面，我是双重"原形毕露"。这件事，也让我认识到，人类的情感，很多都是相通的。亲情、友情中的介意，有时候不比爱情轻微。不巧的是，在孔小彻与桂紫云友情升温的阶段，我在忙于考研、忙于读研、忙于养孩子、忙于在北京立足、忙于应付其他一些困扰，我没有在这两位老朋友身上，投入足够、恰当的爱。仿佛我已经背叛了她们，她们在背后教训我一下，也是应该的。

不知不觉，失去了孔小彻，以及半个桂紫云。

这些年来，我常常回想的是我们曾经在一起的细节，以及"到此为止"的那条路的样子。

回想与孔小彻的一场缘分，牵连的是生命中精神成长的关键岁月。回顾那段不短的岁月，我意识到，"杂乱无章"的脑子带给自己的得失，"愚痴"的心带给自己的消耗，以及"善毒"如何在这个世界上与"恶毒"平分秋色。

有时候，看到女性朋友离婚，或者男性朋友事业失败，我总会想起我生命中破碎或终止的每一种感情对我的打击，会长年探究关系变迁的缘由。因为对于我来说，友情与爱情、亲情和婚姻，在内心几乎是平行的；而情感是我看重的"事业"。

当然，如果我自己的德行、修养、付出不够，别人凭什么支持我的"事业"？

朋友如果要釜底抽薪，我也只好自己向隅而泣。不过，或许，自己甚至没有重要到让朋友刻意"疏远"和"决裂"。有时候，就是所谓缘分自然尽了。就像某个地方，并没有风，只是一盏灯油尽灯枯罢了。

然而，我是多么怀念孔小彻的那一朵黄果兰，还有那一朵"十三太保"。

那不随意馈赠的人，其馈赠精确而珍稀。那是与一般的随意慷慨不同的矜持。那样的矜持背后，有需要朋友细察的骄傲与清寂。当我听说孔小彻多年来，在自己创办的舞蹈学校，一直像一只优美的白鹤那样跳舞，把"美"作为终身伴侣，工作之余总是独来独往。我看到她像火苗一样在燃烧，只是我触摸不到那温度罢了。

仿佛，我花瓶中的剑兰，也是她的某一种化身。是呀，不得不承认，我是喜欢剑兰的人。剑兰高远、丰富，朝向天空开放，却无法克制怀念。于是，我又想起那寒冷的冬日，在朋友关闭的门外，一遍一遍默记过的那首诗：

我像一面旗帜被空旷包围，

我感到阵阵来风，我必须承受；

下面的一切还没有动静：

门轻关，烟囱无声；

窗不动，尘土还很重。

我认出风暴而激动如大海。

我舒展开来又蜷缩回去，

我挣脱自身，独自

置身于伟大的风暴中。

2018 年 6 月 6 日

灵丹妙药

高考结束后，我有了男朋友。大学专科三年，与同宿舍两位女友如胶似漆，与另一位同校女友也交往颇深。碰巧，男朋友和关系很深的三位女友名字简称的谐音，合起来，正好组成一个词："灵丹妙药"。

除此之外，我与宿舍另外三位姐妹关系也十分融洽，只是彼此都没有给对方更多机会深入交往。

1

比起高中时代常见于友情中的亲密，大学时代的友情是过于亲密的。没有升学压力，没有学术追求，远离亲人和恋人，住在同一间屋子里，吃喝玩乐形影不离，不分你我共享青春机密，奋不顾身攻守同盟。朝朝暮暮的三年，在同一时空里，几乎全部身心都给了一份过分浓烈的情谊。

毕业后，我就结了婚。我手里握着自己和"丹妙"单身宿舍的钥匙。我的单身宿舍，也有复制的钥匙属于"丹妙"。

大学三年，我们仨在一起的时间超过与男朋友和血缘亲人相处的时间。大学毕业最初五年，我们分开独立工作、生活，但三颗心之间的距离，近于与男友和亲人之间的距离。

随便举三个例子：有人的父亲来了，三个人的约会也不取消，让父亲先等着；有人新婚之后，被亲戚换了锁，想排斥另外两人的分享，这新娘子就砸了新锁，把旧锁换上，让女友手里的钥匙继续管用；有人的男朋友给她好吃的东西，特意嘱咐她一个人享用，她不仅全部拿来与另外两个人分享，还说男朋友"小气"的坏话。是的，那个时候，三个人从不在男朋友或者丈夫面前说女朋友的坏话，却会在女朋友面前说说各自的男人的小坏话。

是的，那个时候，无论是追我们中任何一个人的男性，还是要从谁面前逃跑的男性，都要过"三关"。各自的老朋友新朋友要来走访，见到的也总是"三头六臂"。

幸福从来都是三份，困难总是变成三分之一。无论谁的新衣服新鞋，都可能出现在另外两个人身上，三个人的身高体重那么接近。互相会在信封里或枕头下放钱，帮助对方渡过青黄不接。有人会为了给另外的人在农村找到保姆，把刚刚翻山越岭走完的山路在天黑前再走一遍，脚底磨出血泡也在所不辞。

还有一些更浪漫的故事。为了去看她们俩，我曾坐火车头旅行；她们因为惦念我十天半月反常没有音讯，会在嗑瓜子时说走就走，提着瓜子去赶深夜的火车，走到门边，又从花盆里剪下一枝盛开的菊花，列车员看见她们美丽的样子，了解她们美丽的心意，竟不要她们补票，说她们有鲜花通行证。黎明前到了我的住处，用钥匙打开我的门，发现我夜不归宿。又看见门缝边地板上有一封盖着几天前收信邮戳的信。两人和衣躺在我的单身床上，纳闷到天亮，才打听到我生病已经住院几天。带着那封信到医院，才知道我先生在北京缺钱，让我速寄去几百元。有一个人的男朋友刚存下第一笔钱正好够用，她就借给我先生。接着，这位男朋友又存下第二笔钱，她又借给另一个用来解燃眉之急。

2

当然，我们仨之间，更多是"相见亦无事，别来常思君"的日子。到了彼此认识后的第八年，为了与先生在北京团聚，我怀着担心因更大的时空阻隔"失去"姐妹情谊的忧虑，离开了四川。到北京的第五年，认识她俩后的第十三年，我在北京有了自己的新家。房子装修好，我"试住"了几天，就在出差成都时，绕道去达州，迫不及待地接上她俩一起回到北京的新家。她俩在我家住了一个多月，在北京寻找落脚的职业方向。接着，她俩的先生也来我家小住，六个人共同商议她俩在北京的去留问题。最后，一对夫妇就此留在北京，一对夫妇离开北京回到四川。

离开的是丹，留下来的是妙。

那一次，是妙第二次来北京。此前，我还在北大读书的时候，她也来过。妙聪明漂亮心气高。最初，我陪她到女朋友的客厅里坐着聊天，帮她打听工作机会。但她多数看不上。在职业上我没能替她出多大的力。有一天，我在北大看到新闻传播学院有两年制的、面对社会招生的进修班，学费也是她能承受的，我就陪她去北大报名。从那个班开始，妙开始建立她在北京的人脉资源。结交了新闻界、文化界一些很出众的同学，其中有几位时尚、美丽的贴心女友。她在房间里摆着她和她们的合影。我也有我在北京的朋友圈子。妙与我在对方生命里，以老友的身份存在。后来，我因为生育，有两次辞职在家做全职母亲，妙不以为然，但也不劝说。直接做主，把她认为适当的职位推荐给我。我不为所动。她就自制我的简历，投给用人单位，还打电话，让对方不要错过我这样的人才，或者让老板几次请我吃饭。我的两段重要职业生涯，都归功于妙的推动。

3

我与妙这种互动模式，并没有在丹身上发生。对丹的个人发展，我未能有实质性的影响。丹从北京回到四川，探索她的职业生涯，受到她一位中学同学的影响，进入医药行业做生意。后来，她有转行的打算，恰好我先生发明了"贝多钢琴陪练机"，这是一个被很多人看好的专利产品，丹也陪伴过女儿学钢琴，还曾热情地给予我们很好的产品完善建议。我希望丹能参与进来，一起开创我们终生的事业，也能把"感情与事情"联系起来。但她犹豫后拒绝了。她担心共事影响两个人的感情，害怕结果不欢而散。

然而，我们的感情，还是像一件好衣服，因为穿着舒适而过度使用，变成了旧衣服。随着各自人生的变迁，仿佛我们自己的体形发生了变化，那件旧衣服穿在身上就有些尺寸不合。另外，还有一些外来因素，比如一些人的拨弄，像钉子、毛刺、火星、油污之类的东西，又摧残了这件旧衣服。

这并非一件品相最好、最昂贵的衣服，旧了更会折价。就像我与丹，并非给了对方最大好处的人，我们彼此也没有能够塑造对方，这是缘分定数使然吧。然而，我们曾经是竭尽全力给予对方全部心意的人。唯其如此，这件独一无二的旧衣服，必然会是陪伴我到生命尽头的纪念物。纪念我们曾经对于友情的痴心，那几乎凌驾于亲情和爱情之上的痴情，纪念我们从中体会过的情深意重，纪念我们为此感受过的失望或痛楚。

4

这份曾经亲密到没有距离的友情，在好坏两面都是"过犹不及"的。我们曾经休戚与共，有过密不透风的相处岁月。然而，时空、价值观、各自的处境及性格等因素，让我们在某些时段走散，从中体会到友情的某种极限。

我们互相给予的是那么多，远远不止引起旁人嫉妒和破坏的那些。

我们互相给予的是那么全，远远不止我们自己记得的那些。

我们互相给予的是那么深，远远不止我们自己觉察到的那些。

我们互相已经给予的是那么微不足道，远远无法胜过我们将要给予对方的那些。

我们互相将要给予的是那么不足挂齿，远远无法胜过我们最终向对方成就的自我。如果这样的自我，并不以彼此的离散为代价，该是多么幸运和美好。

2018 年 9 月 1 日

缤纷

回想大学时代，还有更多缤纷的面影留在心中。

1

同宿舍六位姐妹相处很好。贞静内秀的华华，热情性感的小五，纯真坚定的李翌，她们宽宏地欣赏牡丹、妙巧与我三人早早结成的小团伙，又大方地与我们中的任何人自在地交往。有时候，我们六姐妹一起出动，都穿着红衣服系着红色发带，一起去跳舞。在歌手独唱的伴奏舞曲每一次响起最初几个音符的时候，我们每一次与不同的舞伴走进舞池，都像花朵重新盛开一次。

无论谁的男朋友到宿舍，其他姐妹都是热情、宽容的。四川女孩的聪明、大方、能干、热情，在每一位姐妹身上都像花朵有颜色或芳香一样自然。

走出我住的那间宿舍，整栋楼还是都说四川话的姐妹。这也是在故乡城市读大学的亲切。那些昔日并无多少往来的姐妹，她们的笑靥欢颜，在记忆里也是清新如早晨刚刚舒展开的花瓣。

那位偶尔说普通话的高年级学姐习羽，男朋友在北方读大学。这位学姐日常言行的独特，与她写诗所爱好的别致，是互相映照的。

当我在北京读研究生的时候，她也来到北京，与我在清华北门为邻而居。她不愿意像我一样平庸老实地赞美他人，而是以嘲讽表达她的欣赏。她说："清华的男孩子真傻，你问他们路，他们不仅详细指给你，看你稍有不明白，还要骑着烂自行车带你走完岔路口，好像把你当成盲人一样。"有一天，她穿着一条超级短的超短裙跑到我自习的教室外，问我她的屁股像不像半个月亮。我的确注意到她暴露的半个臀部与修长白皙的双腿相连，在她精致的衣服下面非常迷人。而她的手可以做手模、脚可以做脚模。我说："除了稍嫌暴露，几乎是完美的。"她说："你撒谎，我的脸不好看。如果屁股和脸能够互换就好了。这样我就不必暴露屁股。或者我应该到美国去伪装少数民族，戴唯美的面纱生活。"

我是那么喜欢她的率真有趣，但她理直气壮的外强中干有一次也打动了我。那一次，我带她到我的新朋友圈子里去玩，介绍她是我的同学，她很高兴。在席间畅谈的时候，说到大学时代的生活，我自然而然说起在四川读师专的生活。一个男孩子问我说："喔，原来你本科不是北大的？"当我承认了这一点，习羽当着大家的面说："你们看，她是不是很讨厌，除了说实话，就没有一点够用的智力变通一下。我本来很想你们把我误会成北大的学生，误会得越久越好，想不到半个小时都没有混过去。"聚会散去，回住处的路上，她还在认真计较那件事。她说："你真的很笨。女农民一个。将来你既无法从政，也不能在知识分子堆里混。除了当家庭主妇、记者、编辑、作家，你没有别的路好走。请把这句话记到二十年之后，看看我说得是否对。"

二十年过去，我发现她说得很对。可惜，我已经找不到她人在何方。有时候在北京看到戴面纱的外国女性，我就想起她。其实，她的脸在我眼中不仅好看，而且很有特点，但她忍不住拿自己不完美的脸与自己过于完美的臀部比较，才那样折磨自己。

2

回想大学时代，走出我的校园，我还见到另外几张别有精彩的面影。

那是我大学毕业前夕，我到男朋友所在的中科大去，借住在他班上的女生宿舍里。中科大在二十世纪八十年代比清华北大还难考，男朋友班上只有几个女生。照顾我的女生叫王利芸，她与我男友同一天生日，我男朋友姓名最后一个字也是"云"。除了这点亲切关联，我猜，主要还是王利芸的善良热情。我先生赵洪云后来对我说："王利芸在班上受所有人欢迎，她对谁都很好，她的人格魅力，不亚于她的智商。"

王利芸把钥匙交给赵洪云，让我去住一位暂时外出的女士林秀坚的空床。我在那里住了好几天，也没有能够与宿舍里那五位女生一一照面。从赵洪云那里，我知道这些女生都是超级学霸，她们都在班上排前十名。这些未来的女科学家、女工程师，晚上都在实验室工作到深夜。回到宿舍，为了不打扰我，她们借着室外走廊的微光洗漱入睡。我醒过来，透过蚊帐，只能模糊瞥见她们的轮廓。早上，为了不打扰她们，我趁着她们起床前，就悄悄离去。

我承认，在那静静的氛围里，我暗暗震惊过。我想起在我的大学宿舍，夜晚走廊的路灯下，那些素手织毛衣和面对面说知心话的温馨场面，在科大的女生楼绝对见不到。我才明白，为何当初男朋友写信对我说："你不要给我织毛衣，有那样的时间，我宁愿你到图书馆去多读两本书。"

一周之后，我被合肥的蚊子咬得满脸是伤痕离开了科大。我没有期望，有朝一日还能与她们重逢，就把她们格外珍重地留在记忆之中。等到赵洪云毕业拿回毕业纪念册，我去端详那几位女孩子照片上的样子，看到她们写给赵洪云的留言中，有对我的问候，有对我和赵洪云未来的祝福。

过了五六年，赵洪云与我同到北京读研。1996 年，我们与王利芸重逢，并认识了她的丈夫、她的科大校友小龚。她看到我住的那个院子不错，也想办法租下房东余下的一间房子，我们又在一个屋檐下愉快地做邻居。当时，超市还是新鲜事物，第一次还是王利芸带我去的。随后，他们夫妇出国，把一个非常好的白色重底座台灯留给我做纪念。

2016 年 12 月 22 日，王利芸从美国回国，路过北京。在北京的几位科大同学迎接她到来，在知春路西格玛大厦附近相聚晚宴。那天，我碰巧要参加腾旭文化与崔永元先生在西格玛大厦小剧场举办的"口述历史在中国"的活动。活动结束，我就走过去参加科大同学的聚会。与王利芸二十年不见，毫无隔膜。我们拥抱、合影、交谈。我知道她已经有一双儿女，她与先生小龚的生活很幸福。

那天，我还见到了另一位科大女生袁艳，她的先生是科大同班同学相里斌。碰巧那天下午三时二十二分，在酒泉卫星发射中心，长征二号运载火箭成功将我国首颗全球二氧化碳监测科学实验卫星发射升空。为了见到老同学，相里斌从发射现场赶回北京，直接从机场到了同学聚会地点。我知道相里斌获得过2015年度国家科技进步特等奖，被国家主席接见过。大约是媒体人的习惯，在大家随意闲聊的时候，我半采访式地问邻座袁艳一些日常生活问题。她和王利芸一样，多年不变的交流风格，与我当年在科大女生宿舍感受到的那种清明、友善、宁静的气氛一模一样。

那天夜里活动结束，王利芸又接受我们的邀请，到我们远在西山的家里坐了两个小时。子夜时分，我们才把她送回酒店。不知多少年之后再见面，但是，无论是相隔五年还是二十年的两次重逢，彼此都还是那个"一片冰心在玉壶"的故人。

3

回想大学时代，除了同时代现实人生里令我难忘的女性面影，还有在书刊和影视作品中看到的女性面影。

也许是在图书馆偶然碰到的一本关于俄国女皇叶卡捷琳娜二世的书，对于她努力学习俄语印象很深，对于她在困境中解救自己的意志印象很深。但，对于宫廷政治的复杂和人性代价感到恐惧。这位女皇是一个行动中的强者，高中时代看到的另一位欧洲女性西蒙·波伏娃则是生命实践与思想探索的强者。

西蒙·波伏娃是萨特的终身伴侣，另一位法国歌唱家玛丽安娜则是拿破仑的"明珠"。

晚饭后散步，偶然看见录像厅门口的告示，电视剧《玛丽安娜——拿破仑的一颗明珠》正要播放。走进去，就留下了大学时代唯一一部电视剧的记忆。就像高中时代，留下电视剧《红楼梦》的记忆一样。与《红楼梦》里的男女主角遁入空门或香消玉殒不一样，《玛丽安娜》留给我的是明丽的印象、昂扬的激情、英雄的风度、女性的自救与升华。

在这些法、俄女性的面影之外，英美文学中的女性面影，令我印象深刻的是在爱情中追求精神平等的简·爱，是相信"明天又是新的一天"，在生活面前不轻易服输、感到未来可期的郝思嘉……

席慕蓉与高中时代喜欢的三毛，同样是台湾女性的面影，她们同为作家，都写心灵文字，席慕蓉内向唯美，三毛亲切自在。她们都让我看到，心灵生活对于女性生命的滋养和成就。

比之琼瑶、三毛、席慕蓉这样的台湾女性面影，亦舒这位香港女作家本人以及她笔下的众多独立女性，留给我的是精神气质更加硬朗的女性面影。在我即将走入社会、婚姻和职业生涯之前，这些面影，在某些方面具有榜样的意味。

在这些"榜样"的背后，还有一些被"性"与"爱"的力量所毁灭的面影，藏在记忆的阴影里。她们是哈代笔下的苔丝，是《荆棘鸟》中那像荆棘鸟一样刺穿胸脯为爱情歌唱的女主人公，是为了情人罗丹把自己关进疯人院的卡米尔·克洛代尔……

这些大学时代、中学时代的面影，在记忆中发芽的时间，我有比较清晰的记忆。而中国历史、文化、文学中无数女性的面影，则是以各种方式，随时随地进入记忆的毛孔，没有留下清晰的时空线索。这些面影有：补天的女娲、神秘的西王母、残忍的妲己、善良多情的七仙女、哭倒长城的孟姜女、复仇的李慧娘、怒沉百宝箱的杜十娘、代父从军的花木兰、唱胡笳十八拍的蔡文姬、特立独行的李清照、化作烟的伤心紫玉、化蝶的祝英台、压在雷峰塔下的白素贞、《聊斋志异》中的各路狐仙、"人成各，今非昨"的唐婉、清高的柳如是、"秋风秋雨愁煞人"的秋瑾、爱情无所附丽的子君、"人间四月天"的林徽因、不幸的萧红、勇敢的丁玲……

古今中外，远近虚实，各样的女性，缤纷的面影，对于女性的我，都贡献了一份帮助我成长的友谊。一份普普通通的人生、一番曲曲折折的命运、一些明明暗暗的心事，都有她们的参与。

2018 年 6 月 29 日

幸福人生三要素

陈焱是我大学时代"灵丹妙药"四友中的"药"。

刚刚认识，初次深谈，陈焱给我的"千金方"中，第一方是：警惕女性的负面。我们相识的第四年，她又以一句话促成我人生的改变。

1

初见陈焱，长发、丰胸、细腰、华服，不折不扣的女性形象。初次交谈，她又是一个令我感到陌生与惊讶的女性，是我在后来才识别出来的一个理性的女性。

那次交谈，是经共同朋友牡丹介绍，我们彼此打过招呼之后不久，是陈焱与我事先约好的。规划感、仪式感、庄重感，也是陈焱留给我的最初印象。

在约定的时间地点，我们开始第一次深谈。校园的花架子下面，有几朵花凋谢在木条长凳上，又从缝隙掉进泥土里，一两片夏天的黄叶掉在我们肩头。从午后到黄昏，在西沉的太阳和东升的月亮下面，看着那些枯萎花瓣的模糊影子继续交谈。

我们讨论了人生理想。我说，我希望长久保持对阅读和写作的热情，并借此把自己变成道路或者梯子，希望成就自我与有益他人相得益彰。陈焱说，她希望与思想家和教育家同行，把自己变得更好、把世界变得更好。

我们的共识是：终身保持成长心态，成为自己的教育家，终身不忘自我教育。自我教育的底线是：克服顽固、封闭和小气，保持对消极状态和弱者心理的警惕。

我们讨论了四个成语：夜郎自大、坐井观天、蜀犬吠日、黔驴技穷。我们还自嘲地说，川西盆地是个"井"，我们生活在"大西南"，夜郎、蜀犬、黔驴，都很容易和我们沾边。

我们讨论了我们的出身，互相勉励要终身警惕"傲慢与偏见"。

以上这些，都是我与陈焱的共识，这一部分交流如履平地。接下来，在交谈即将结束的时候，我们讨论了性别优势与劣势，陈焱说，"要警惕女性的负面"；我们讨论了情感，陈焱说："我们要从爱情走向婚姻，在婚姻伴侣之外，至少要终身拥有一个同性知己和异性知己。"

这两句话，犹如平地起高楼，一下子鲜明地矗立在我的内心视野里。约定的时间已经用完，陈焱来不及阐述这两句话，仿佛留给我两道思考题，又是未来人生两个方面的提纲。

那天夜里，我做了一个梦，梦见在大学附近那条水波宽阔的洲河边，深浓的夜色里，我独自行走，有些恐惧。抬头忽见前方的河滩上，有三堆篝火。我感到欣喜，心中暗想：走到那三堆火面前，我就停下。显然，那是一个有象征意义的梦。三堆火，是指陈焱。

果然，三十年来，陈焱一直是我的同性知己。我还有像她一样睿智的异性知己。

也是在漫长的三十年里，我带着女字旁的名字，享受、体会我的女性生命，同时，也深深地被"女性的负面"所消耗。直到有一天，当我像剥茧抽丝一样，艰难地对"女性负面"或"人性负面"有所克服，才对陈焱早早就具备的那种清明的生命状态"感同身受"。那是一种多么慈悲、宽敞、简洁、舒适的内在，那样的内在，呈现出来的言行表达风格自然就是开放、温和、理解、包容、协助、谨慎、分寸、宜人、宜己。即使在经受人性的考验时，也常以克制、忍耐、存疑、沟通代替激愤、任性、抱怨、辩驳。

在三十年里，陈焱与我保持一贯的交往方式，即使处于"日常生活"中，我们也"金蝉脱壳"般摆脱了女性之间亲密的日常生活模式，而偏于精神交往。我们之间又并不是"君子之交淡如水"，常常也在不知不觉中于现实层面上互相成全。我们之间的情感，有一种奇怪的"注定"感，一种在彼此生命里"稳如磐石"的感觉。无论是"雪中炭"，还是"锦上花"，我们彼此似乎都能给予，似乎那是我们彼此的责任和义务。仿佛是一种我们关系之外的力量在加持我们的关系，那种力量有两个来处：一个来处是我们即使互相不认识也要各自奔向的同一个前方，另一个来处是我们即使互不认识也曾各自驻足过的同一种过去。

在一些地方我们共同生活，在一些地方我们一起旅行，衣的浓淡、食的丰俭、住的好坏、行的苦乐，我们都有丰富的回忆。与陈焱在一起，我有意无意都能感受到陈焱所呈现的生命状态，如何最大限度地消除了"女性的负面"。

陈焱与我，能披肝沥胆地交谈，但我们之间很少有"妇女谈话录"。陈焱对说别人的坏话，挑剔他人的短处，纠结不愉快的细枝末节，从来都毫无兴趣。她对人性黑暗面的接受，仿佛就像我们一般人对一个城市的使用一样。城市下面四通八达的污水处理管道，是默认的存在。比起谈论事情，她更喜欢谈论思想；比起谈论人，她更喜欢谈论事情；如果要谈论任何人，她都像在摘花或者摘果子，只是分享这些人的闪光点。

我们在一起不会有"逛街"这件事，只有去买几件衣服这件事。三十年中，我曾三次陪她在北京买过衣服，加起来的总时间大约有三个小时。一次是她给即将第一次见面的婆婆到大商场买羊毛衫，一次是在日坛商务楼给她的儿子买衣服，同时她给我的儿子买了一件很有设计感的毛衣；一次是陪她在秀水街给她自己买几件有风格的衣服，同时她还建议我买了一件小袄子。她的效率是惊人的，仿佛是走到约定的人那里取走自己的衣服一样。

陈焱对食物有感染人的热情。她像欣赏各种人一样欣赏各种食物。早年，她在很多新奇美味的食物面前，总是想起我，希望我与她同享。美食、爱情、心灵的成长，是她与我之间的经典话题。直到有一天，我们相继失去自己的慈亲，悲伤，成为我们之间另一个低声交谈的悲伤话题。

1998 年前后，陈焱旅居在北京一年左右。我陪她在北大附近租房子，我做好的准备是花三五天陪她找到足够舒适的房子。上午八点钟，从北大十七楼单身教工宿舍我的家出发，九点钟，我们又回到了我家，坐在那里喝茶聊天，九点半陈焱离去，十点钟我去教室上课。我感到不可思议——除去走路的时间，租房子的过程不到二十分钟。我们走到东北门外那片居民区，走进第一个院子，问了两个人，就得知有一家有一间房子出租，陈焱也不还价，简单了解情况后就立即交了钱，拿到钥匙。等她搬来简单的行李，安置下来，我常去她那里。她对物质生活的奢和俭，有一种心不在焉的超越。

2

陈焱是第一个以正面、显著的方式影响我人生的同龄女友。尽管，当时她只说了一句话，然而，那句话是促成我命运转折的原点。

听到这句话时，也是我第一次见识到下雨的奇观：就在我的脚尖前面，大雨如注，我身上滴水未沾，仿佛我是站在屋檐下看雨。实际上，我是在我先生工作的成都西郊 11 厂附近一个废弃的军用机场的跑道上，刚从一个小贩手中买好三串糖油果子。

我背对那大半个机场的暴雨，回到女友陈焱和我先生赵洪云身边，我还没有坐下，正把糖油果子递给陈焱，陈焱微笑着问我："赵婕，你为什么不考研呢？"

那正是我与先生前途无着，又找不到出路的时候。一句话点醒梦中人就是那种感觉。我如获至宝，从那天与陈焱道别开始，就进入考研准备状态，很快决定报考北大中文系。我先生也决定报考清华大学。结果如愿以偿，此后，我与先生结束了几年的分居生活，定居在北京，北京成了我们的第二故乡，成为我儿子的出生地。

回到当年那一刻，回到陈焱那句话。从那天开始，我继续认识陈焱。有时候，我也通过其他人身上的特质去理解她。比如，有人会破坏掉别人的好事，有人绝不成全他人，有人则是以"一物换一物"的心态偶尔"帮助"他人。我大学时代熟识的女朋友刘丹、雷越难，以及我自己，和陈焱一样，都是喜欢替别人划亮火柴，帮忙点灯的人。那是一种忍不住希望别人好的动机；那是一种不怕烫了自己手的心愿；那是一种随时随地准备着成全别人的状态，否则你怎么能看到别人处在黑暗中，拿着灯烛需要点亮，可是缺少一只手？

我猜测，当陈焱第一次辗转找到成都西郊的军工厂，看到我先生工作的环境，想到我们夫妇的现实处境与未来无着，她就在日常的思虑之外，又加上了一个思考题。对于我先生和我那样的"书呆子"，要改变命运，在她看来"考研"是最好的捷径。后来，我们夫妇也证明了她见识的英明。

所以，尽管陈焱有足够的智慧，"你为什么不考研"这句话，客观上对于我们是"神来之笔"般的指引，但，对于陈焱的思虑过程，并非毫不费力的"神来之笔"。那个时候，她毕竟才二十岁出头，又懂得选择的机会成本，她必定是找到了最好的答案，才去西郊见我们，并在我拿着糖油果子递给她的一刻，举重若轻地以提问的方式，说出了她的建议。

赵忠祥先生是个有争议的人物。但他说的一句话，在我看来并无争议。他讲，在他年轻时，去采访华罗庚先生，这位科学家告诉他，如果你到城西去拉一车东西，最好在城东出发时拉上一车城西需要的东西，这就是统筹法。他说：华罗庚教给他的统筹法，送给他的是金山银山。他后来做成很多事情，就是举一反三、充分运用统筹法，一举多得。

要解释为何一个经验或提醒是"金山银山"，歌德这样说："你得上些年纪才能看出这些，而且要有足够的钱支付你取得经验的费用。我所说的每一个警句都要把钱包里的钱花光。我私人财产中有五十万从我手中花出去来学习我现在所了解的东西——这里面不仅有我父亲的财产，还有我自己的工资，以及我五十年来凭大量作品所挣得的稿酬。我还见到与我交往甚密的亲王们将一百五十万花在实现伟大的目标上。我对他们的进步、成功和失败密切关注。"

对于不付一文就得到经验、忠告和建议的人来说，也如歌德所说：一个暗示，一句话，一个忠告，一阵掌声，一个异议，往往能在适当的时候，在我们心中开启一个时代。

3

考研，不只是改善了我的现实生活，我的内心，也开启了一个时代。我也为此多次回顾成都西郊那个暴雨时刻，想起陈焱当时问的那句话是："赵婕，你为什么不考研呢？"她指名道姓，问的是我，而不是我先生。让我先生一直读到博士后，解决夫妻分居问题，这个途径，她并没有建议。这其中，包含了陈焱的价值观与对我的了解和信任：一、积极行动，避免消极被动；二、最大限度地发挥相对长处；三、警惕女性易有的负面能量，不等不靠，与先生共同奋斗；四、勇于发掘自己的潜力，让个人禀赋充分发展，刷新自己的生命体验，解决现实生活问题之外，还能做出更多贡献。

有一回，与陈焱一起去北京附近的红螺寺，在那里看到"自在观音"塑像，我们说起观音不同的造像。陈焱说，给她很大启发的是"滴水观音"。每次从宝瓶往外洒水，每一滴都会化作倾盆大雨，解救旱情。无论是朋友之间互相启发，还是教育下一代，有时候特别期待这种效果。响鼓不用重槌，良种遇到沃土，是令人神往的事。

陈焱说："教育是很迷人的事业。不过，如何才能具备滴水观音那样的法力，把宝瓶甘露，以杨柳枝遍洒干旱之处呢？"

陈焱在澳大利亚创办的连锁教育机构，深受欢迎。教育是被深深托付的事业。有一句话说：被托付得越多，需要索取得越多。然而，陈焱用得最多的一个词是"付出"。她说："要付出，不断地付出，不计回报地付出。"似乎"付出"，就是她对这个世界的"索取"。

陈焱到我家做客，第一次到我的新居，进屋后放下行李，等大家打过招呼，寒暄不出三句，她就到餐桌旁边的椅子坐下来，并招呼我的儿子和她的两个儿子围坐过去，又招呼她先生、我先生与我围坐过去。两家人一年不见。陈焱让大家依次说说这一年各自的情况、收获与进步，先从孩子开始，有约定的发言时长。

一般散漫的走亲访友和家庭聚会，被她变成耳目一新的场景，不仅把难忘的记忆留下来，也把一种随时随地的社交教育模式留下来。她事后对我说："男孩子们相对不善于口头表达，好友相聚的幸福时刻，他们可以在放松又端庄的状态下，做最好的交流与沟通。"

4

孩子们很小还无法开展这种互动的时候，陈焱也曾分享给我很多陪伴孩子的诀窍。对于繁忙的职业女性，回到家里还要做家务和阅读的母亲，她的窍门是，一定要提前为幼小的孩子设计足够多的陪伴方案，而不是等到孩子哭闹的时候，又因为自己手头有事难以分身而破坏自己的情绪，让场面失控伤害孩子。我在儿子小时候受益于陈焱的这个办法。后来，我建议陈焱挤出时间把她的养育理念和这些好办法写成书，做更广大的"法布施"，帮助其他母亲。我很高兴她接受了我的建议，这让我们之间又留下一两个共同的足迹。

陈焱还对我讲过另一种观音造像，右手握杨柳枝，胸前有小洞，洞下左手持钵。传说，观音希望普度众生，不为人信解，焦急中，剖腹掏心，放于钵内，让人看见。人们为其赤诚坦白所感，称之为"剖腹观音"。

陈焱说："杜拉斯曾称作家是妓女，如果用更优雅的表达，不如说成是'剖腹观音'。我希望你更勇敢、真诚地写作。你也要激励我更投入地探索教育之道。我们要充分发展自己的禀赋，让自己和他人变得更好或不同。"

从事十年跨学科教育的汪丁丁先生，十分推重当代女性哲学家海勒所说的"幸福三要素"，即个人禀赋的充分发展、人与人之间深刻的情感联系、正义。我在陈焱身上看到这三点的充分显现。她是一位拥有幸福人生的女性。她痴迷于教育，忠于友情，追随正义。她希望幸福人生经她之手，属于更多的人，包括朋友，尤其是孩子们。我，作为她的朋友、同龄人，也因受惠于她天生的教育者情怀和私人友情，靠近了我的幸福人生。在我们之间，互相推动、共同进步、用心靠近对方的意识，也让我们彼此不仅拥有过去的友谊，还有现在和未来。

2018 年 9 月 1 日

文学与生命的前方

    与大学同级不同班的同学雷越难，在毕业分别三十年后重逢，对于我，是意外的惊喜。与其把这种惊喜归功于"同学情"，不如归功于文学。

    木心说："文学帮助你爱，帮助你恨……""不要讲文学是崇高伟大的。文学可爱。大家课后不要放弃文学。文学是人学。"

    在雷越难与我之间，正是文学帮助我们爱。文学，是我们初识的桥梁，也是我们重逢的桥梁。回忆大学时代，我与她只是隔着陌生人和熟人暗中向彼此致意。因为对文学的共同热爱，对阅读的痴迷，我们暗中把对方引为同类。对于现实生活，我们只有过寥寥几句的交谈。

    某个初夏的早晨，她站在宿舍的书桌边，邀请我与她分享一首诗歌，也分享她的西式早餐，欧式茶杯里的茶。除了她高高的个子，这是昔日的她留给我最深的记忆。

1

不知彼此是如何偶然联系上的。与之重逢时，她已是四川省优秀教师和全国优秀教师。由于她的视网膜发现出血点，需要一段时间休养，刚好手头一届高三学生毕业，她趁机到全国各地去看看她那些已经工作了的学生。

她沿着这些孩子形成的"星系"，展开她的"星系旅行"。

正是托这些学生的福，我见到了这位"阔别"的老同学。

我们绕着圆明园的福海散步、交谈。她不是用如数家珍的自豪口吻，而是以信手拈来的愉快心情，谈及她的学生与她的教育生涯。

她谈及学生的侧重点，在于孩子们的懂事、担当，孩子们各方面的有趣、可爱。我们见面时，她刚送走的一届学生中，有人是整个地区的高考文科状元。她似乎也没有多讲这个学生的成绩。这则消息，还是我无意从网上看到的。仿佛孩子们的学习成绩，是一棵棵树自然而然长成的样子。学生成为精英，她很高兴，但作为老师，她更在意那些树结出的果子是什么滋味，也就是他们的人格如何有助于他们使用自己的能力和资源，最终成就个人的幸福生活，以及对社会做出大小不等的贡献。

她说，学生们对她的称呼随着她年龄的变化，一年年在变。从"雷姐姐"到"老雷"再到"雷妈妈"。

她很少谈及自己对学生做过什么，只是说，她很愿意替学生们节省时间和精力。她的语文课，作业很少，有时候几乎不留作业，但同学们的高考成绩却很优异。

我从这里也看到了她身上的"诗歌气质"，那是精练与美的交融。这，不仅是诗歌的气质，也是教育者必不可少的素质。精练，是洞察世界本质的结果；美，是到达高远之境的道路。对于需要教导的学生，那一颗颗璞玉，看不见本质、找不到道路的人，就是把琢玉工作安排在铁匠铺。

她说："诗歌与大自然的确能够滋养教育者……"这时，她看到身边一些树，很高大，就去抚摸那些树。又凑近她那不大好的眼睛去看树皮的纹理，她发现那些树上，长着很多眼睛一样的图案。她接着说："大自然是经得起观看的，无论近看远看。大自然，也长着眼睛在观察人类。我曾对学生说，神明就在我们自己的心中。"

我们离开圆明园，去香山。车堵在一个公共汽车站台附近。我对她说："你看，这个站台上写着'军民共建鱼水情'。"她说："其实，师生关系、父母与孩子的关系，都是鱼水关系。这两种关系，又是互相交叉的。师者父母心，父母者言传身教。学生和孩子是鱼儿，鱼儿只要也只有在清澈、宽阔的水中，才叫'得水'。教师和父母，如果把自己弄得像一条臭水沟，如何养鱼呢？"

也许，在她的生命里，她所不越的"雷池"，就是绝不走到"清澈"与"宽阔"的反面去，不养死鱼，不养毒鱼。

2

雷越难多次担任一所国家级示范重点中学高中理科实验班的班主任和语文老师。当地大多数拔尖学生，是父老乡亲家庭最珍贵的龙凤孩子，年年在她的帮助下跃龙门。我见到她一位毕业留京工作的学生。这个年轻人从人大毕业几年时间，已经事业有成，家庭幸福，也把农村的父母接在身边生活。在我眼里，这个年轻人清瘦、清爽如一个在读大学生。上班时间，他让司机把自己的老师送到约定的地方，到吃饭时间，他会打电话关心老师的行踪，到了下午下班时间，他就开车亲自来接老师回酒店。越难说，她教的这些学生大多学的是理工科专业，学生中男孩子偏多，但他们很会照顾人，会帮她订酒店、机票，安排行程，提行李。到了酒店，这些男孩子会关心她住的房间窗户是否安全，甚至会去察看淋浴房的水温是否合适，就像自家的儿子一样贴心。

我感到十分好奇，为何这些孩子能做到这样。她说，她带班的时候知道自己的学生智商都比较高，数理化学习他们都没有问题。她着力培养孩子们的共情能力、交流能力、照顾自己和别人的能力，以及奉献、担当意识。

她说："他们大多是农村的孩子，很朴实，本性很好。但是，仅靠智商竞争，远远不够。他们即使考上很好的大学，未来还有很大的家族负担。他们需要全面的竞争力，帮助他们融入社会，在大学和单位脱颖而出。着意培养他们一些好意识好习惯，有利于他们将来在工作、恋爱、婚姻、家庭方面获得顺利，帮助他们赢取未来，拥有真正的幸福。"

我钦佩而感动。这位让我自豪的老同学，让我想到：如果多一些像她这样的教育者，学校就不只是培育人才的机构，还是为人类培养幸福的实验室。"个人禀赋的充分发展""人与人之间深刻的情感关系""正义"，被哲学家所揭示的"幸福人生三要素"，就能成为教育机构的写照。

她说："不得不承认，我有一点理想主义。不过，我主要还是一个现实的理想主义者。长期生活在基层，我知道学生和家长的难处，尽管家庭里有一个学习很好的孩子，但，不够! 很不够! 学习好，只能是一个基本的通行证。"

3

那次重逢，她在我家逗留不到三个小时。她一进我的书房，略坐一会儿，就站到书架前忘却一切看了一个多小时书。等到我儿子放学回家，她就放下书，站到孩子房间门口，像久别重逢一样和她第一次谋面的男孩打招呼。初见几秒钟就有的那种神奇的熟悉感，让我惊讶。她问孩子一些话，孩子的反应也像课间与自己的班主任聊天一样自然。短短三小时，我仿佛借助模拟场景，目睹了她在将近三十年教育生涯中的样子——在书房是她独自备课的样子，与孩子交流是她在学生中间的样子。

我家里这位青春期的男孩，与那些他曾经熟悉的阿姨大都有些疏远了。有时候，家里客人来去，要把孩子从他的房间里叫出来打招呼，是要冒着尴尬风险的。越难那天离开我家时，她走到孩子的门边，和我儿子说再见，伸展胳膊与孩子拥抱。她那么自信，那么自在，那么有感召力，一向喜欢弯腰低头的孩子，一个有些羞涩的高中生，那一瞬间，在这位高大、轻盈的阿姨面前，一下子竖直他的脊背，与她愉快、大方地轻轻拥抱。这让我看到一个教育者身上非同一般的天赋。这是一种"精神大力士"般的天赋，就像作法之人，吹一口气，能移动巨石。

像雷越难这种随时随地的"教育者"，对学生的培养、关心、照顾，甚至对一些家境困难学生的资助，远远超过教学大纲的要求。还有一些孩子的父母在外地打工，有些人工作到深夜才下班。她晚上从不关手机，有些家长需要与她谈孩子的事情。有时候，她还要"守候"个别自控能力差的孩子顺利度过一天，她与之约定，每天睡觉前，通过短信向她汇报当晚学习的重点内容。这样，就让孩子不至于沉溺手机。

因此，她常常是被占据的。不过，繁忙之中，她还是广交朋友，生活在志同道合的朋友们中间。学生遍天下，朋友遍天下。她说，友情、新知、文学，是她保持自我"清澈、宽阔"的源泉。

有一天，她与我约了一个电话，说，昨天晚上，她与一些文友在一起专门讨论了我的作品，有一些中肯的建议给我。她眼睛不好，是听现场朗读获得文本印象，她给我的意见反馈来自眼睛看和耳朵听这两种途径。

我对她的写作十分期待。她说，现在，她还有教师的工作要全情投入，不过，她期待退休之后，能够把一些教育心得写出来，分享给未来的同行。她说："我希望我的眼睛能够支持我这个心愿。"

我也提醒她注意自己的眼睛并保持健康。像她这样珍贵的人，有教育经验和成就，能演讲，善书写，未来还可以做很多贡献。

我与不少同学，都是从教育岗位流失的人。尽管我们都是通过工作养活自己，实现自己。但是，在养活自己、实现自己的过程中，作为优秀的教育工作者，雷越难的社会贡献是直接又长远的。比起投身商业让自己衣食荣华，或者投身文化传媒产业有一点名气，优秀教育者所获得的"名利"，似乎更值得他人敬重。

如果，她退休后投入写作，她的写作也更有"教育"价值。在《她是怎样成为西蒙娜·德·波伏娃的》这篇文章中，有一段话："人们都说西蒙娜·德·波伏娃于1943年离开了教育界，1945年萨特在大学辞职。但人们是不是没有发现，从这一时期开始，他们成了法国最大的学校的校长和总学监（这所学校是看不见的，学生也不用交费、考试，他们学的是人生之课）？这是唯一真正自由的教育。"

4

尽管还没有开始写她的教育心得，但，她从未间断她的诗歌创作。我有幸读到她以笔名"子兮与点"发表的一些诗歌。其中一首叫《石门梨花》，似乎回应了我的好奇，也就是在这阔别三十年中，我这位由老同学变来的女朋友，如何像石门山的梨花一样，"远远高过人们的屋顶，以时间和空间为尺度，拉开了与庸常生活的距离"，在云朵移步的山头，如何把"芬芳似清泉流向远方"。正如诗中所写：

山上的每一树梨花

安静如雪花

用眼神与天空对话

只有极幸运的几朵

将在秋天修成正果

而沉默的大多数

无人知晓它们走过一条怎样的路

另一篇触动我的文字是她的散文《在我生命的前方，等我》。她写道：

亲爱的人，如果，你真的爱我，请不要站在我们相识的地方等我。……我们只有日夜兼程，才能看到爱的天空中更多灿烂的星辰……

在我看来，真正的爱，就是……并行在各自的路上……我，看到了大雁从你头上飞过；你，听见了小鸟在我耳旁放歌。我们通过无数丰收的麦田，成熟的麦香沾满了我们的衣衫；我们看到过无数次花谢花开，庆幸不已又唏嘘感慨。最后，我们双双抵达了自己的终点，心满意足地坐了下来，久久地，久久地亲吻着彼此沧桑温暖的脸颊，任夕阳西下！

亲爱的人啊，……也许，你腾不出手来拉我，我腾不出手去牵你！即便如此，我们也要用微笑的眼睛，激励对方勇敢前行，让我们的爱，拥有世界上最完美的表情！

亲爱的人啊，请不要站在我们初识的地方，等我！请站在我前方必经的路口，等我！……最后，如果可以，请站在我生命的尽头处，等我！

文学与生命的前方，把雷越难与我重逢的惊喜带来。

在过去的岁月里，我们分道而行，各自的日子，就像石门山的梨花，"每一朵花都有心跳，只有极少数不关心果实大小的人，触摸得到"。今后的日子，我们依然愿意在生命的前方，彼此等待；希望有一天相约去看石门山上的梨花，听见那高高挂在梨树之巅的心跳。

2018 年 9 月 10 日

后记

从"纯棉时代"到
"玫瑰岁月"

"玫瑰岁月"书系是一系列有关女性成长、幸福的文集。

这一组纪实或半纪实的散文所写，多是我从小女孩到成熟女性的岁月里，难忘的人物、事件、情感。内容大致分几个方向：

- 有关"家庭教育""母性""女性成长互助"，书名定为《女人的女朋友》《母亲的愿力》；

- 有关"学校教育""父性""爱与自由"，暂定名为《从小学到大学》《爸爸与女儿》；

- 有关"社会教育""天才""时代"，暂定名为《在别人生命里留下一首诗的人》《北大六人》《同时代人》；

- 有关"阅读""自我""人文"，暂定名为《浮士德与贾宝玉》《姑娘与世界》《朝向一首诗的完成》等。

1

在"玫瑰岁月"中，以深彻的自身经验，获得一种有关成长和幸福的信念，即哲学家所说的，幸福人生三要素是个人禀赋的充分发展、人与人之间深刻的情感联系、正义。

在"玫瑰岁月"中，重温并分享，在"他人即地狱"的世界里，在寻找知己与自我的道路上，亲情、恩情和友情，如何亦正亦邪、亦庄亦谐、伪善实恶、伪恶真善，帮助一个人发展自己的个人禀赋，体察人与人之间深刻的情感联系，触摸到"酒香巷子深"的真善美。

2

熟悉我的朋友都知道，2005 年，我的"纯棉时代·感动"书系在人民文学出版社出版之后，我一直在"纯棉时代"。2015 年、2016 年，我的生命里发生重大变故，这三四年，我几乎是以全部身心在"消化"这种变故。我的生命，不知不觉进入"玫瑰岁月"。

3

从 2019 年开始，把新书《女人的女朋友》《母亲的愿力》等叫作"玫瑰岁月"，是因为文字与生命同步。越来越懂得，"刺"与"玫瑰"同在，玫瑰的"余香"，留在送人玫瑰之手。同时，借此怀念 2005 年和 2015 年出版的系列文集"纯棉时代"中的"纯"。

4

从"玫瑰园"到"花店"，玫瑰的"刺"，大多被我剃掉，是担心扎伤喜欢"纯棉时代"之"纯"的老友。我希望，慢慢地，我有勇气和善巧，更加全面、深沉地呈现生活，希望未来有机会，与读者一起徜徉在"玫瑰园"，与玫瑰的"花"和"刺"同在。七情六欲，有浅有深，有简单有复杂，有明媚有黑暗，爱情、婚姻、亲情、恩情、友情，也许还适合用长篇小说来探讨，"玫瑰岁月"这些短小散文，暂不能展开呈现爱情、婚姻、亲情、恩情、友情中更复杂的纠结和更深沉的"天意"。

5

如果说"一个人的思想首先是他的回忆"，那么，一个人的回忆，最终就是他的人生。我相信，很多人的回忆中，都有"幸福的小道消息"，有"接纳"与"付出"的平衡，有难以克制的感念之情。

6

佛家说"上报四重恩，下济三途苦"。渺小之我，无力"上报下济"，就用远不成熟的文字，把生命里的"恩情账"记下来，挂出来，让有缘的读者，闲来无事时，看看一个人在人生小道上的际遇，看看人世或真或善或美的风景，看看很多人恰当"付出"时的美好样子，推想"付出者"暗中的辛劳或困难……也借此引发读者自己的回忆、感想或行动。

7

在写《女人的女朋友》过程中，担心文章因为某种缘故丢失，常常把刚写的初稿保存到个人公众号"赵婕文章"中。有一天，大二女生赵静好给我发来她的阅读感受。另一次，初一女生赵可遇告诉我，她读我公众号里的每一篇文章。高一女生张执修回复道，她在军训期间读了《女人的女朋友》。我就请这三位少女，总体上谈谈她们的阅读感想，她们各自写了一篇短文给我，我希望用作这本书的序言。最后，出版社建议，为了"玫瑰岁月"书系的体例统一，这三篇文章可以在别处发表，建议我先摘录部分文字放在后记里，与读者分享，也为三位文章作者留下纪念。

8

刚过二十岁生日的女孩赵静好觉得，《女人的女朋友》是她"二十岁的启示录"，她说：

"不知道，我会不会像作者一样，遇到足以改变命运的她或她们。但我想，对于处理已有的和将会到来的这些友谊关系，有了借鉴，便会有更充分的心理准备。这是《女人的女朋友》带给我的收获。

"友情中最难的便是找到双方都舒适的一个平衡点，需要一次次熟悉对方的心性与习惯，才能准确分辨某些不悦与喜欢。以适当的方式对待适当的人，每一次的交流与分享就会是合适、大方而得体的。这是不是作者想表述的本意，我不去臆测，或许她只是想让有心的读者挖掘些自己的思考，在她的文字森林里发现属于读者自己的隐秘风景。

"玫瑰芬芳，给人幸福；玫瑰带刺，给人疼痛。这不就是女人与女朋友之间的情感吗？我们接受一段关系中带来的正面能量，同时自己也能散发这样的力量而显现自己的价值，那就势必无怨无悔承受那些疼痛，因为在不经意中我们也会刺伤别人。我们可以选择去放大的，是更加重要的那一部分，忽略对方偶然的伤害，也能释怀自己的无心之过。

"我很喜欢一部描写几个女孩子友谊的电影《牛仔裤的夏天》。其中一段台词是这样的——'有些事情无法回头，但我们知道即使走着不同的方向，我们依旧会回到彼此身边，因此有力量化解所有难关。献给过去的我们和现在的我们。'以此……献给生命中的玫瑰。"

9

"看见别人，看见自己"，是十五岁女孩张执修对《女人的女朋友》的总体感受。她说：

"今天，似乎所有的人都在物质的洪流中顺流而下，作者却逆流而上，把我们的目光引向她曾经历过的或清泉流淌、或风雨如晦的岁月。书中那些溢满女性情感力量与闪烁着女性智慧光辉的文字让我低下头去，清楚地意识到——某些珍贵的记忆与沉睡的情谊，正随着她美好的文字从已逝的时光中醒来。我身边如彩云般飘过大大小小美丽的身影。它让我想起小学时每个周末与几个小姑娘结伴去图书馆的欢乐，想起初中的某个黄昏，与几个要好的女同学手拉手在学校那著名的'绝望坡'上疯跑的情景；想起小学、初中时女班主任那鼓励、爱怜的眼神；想起那些大大小小令我苦不堪言的数学考试，想起每次数学成绩出来后妈妈擦拭我泪水的温软手心……

"从书名上看，《女人的女朋友》似乎更能吸引有点阅历或谈过恋爱、结过婚的女性阅读。对于我老妈的大学同学、首席闺蜜——文穗阿姨那种有个性有才情又美得十分嚣张的单身优质'少女'，这些文字则是一种趣味：在某个难眠的夜晚，卧在羽毛枕上，一边栖息疲惫的肢体一边抚慰孤寂的灵魂。对于像我老妈那样一群互为夏天的冰激凌或冬日暖衾的文艺大婶，当她们聚首一处、围茶漫话时，《女人的女朋友》既是背景音乐又是'平行世界'。对于那些白天忙得团团转的专职母亲，偶得闲暇灯下夜读，《女人的女朋友》又变成一杯滋补炖品。

"女人怎样爬出困境，并学会分享彼此生命的悲伤与快乐，《女人的女朋友》会让我们看到：平时编织的女友网络常常会长出有力的臂膀，从四面八方伸将过来。在现实生活中，我们往往也会看到这样一种现象：女友的质量往往影响到自我的质量，积极向上、豁达宽广的女人总能活得精彩漂亮。正如作者所言，女人如花，尤似玫瑰花，散发着奇妙的芳香又长着尖锐的细刺。不管是亲近它迷人的味道或是回避它隐蔽的锋利，真诚、善良、自审并保持距离，是女性朋友恒久亲密相处的秘方之一。"

10

在《女人的女朋友》中，十四岁的女孩赵可遇发现的是"玫瑰人生"。她说：

"这本书的部分草稿，作者最初发表在公众号'赵婕文章'中。课余时间，我细细跟读了每一篇，对这些文章，我是真心喜爱才这样读，并不仅仅因为作者是我姑妈——假期旅行、周末学习班、课余作业之外，阅读的时间实在有限，还有艾瑞克的《极端的年代：1914—1991》这样的书吸引着我。

"这是关于女性友情的回忆。其中有女性、成长、关系、自我实现、情感、爱与自由、贡献……这些关键词。对于女性的感情——不可否认，女人都爱一点点研磨时光里的细节。虽然并不欣赏这种细致的琢磨，但我也难以摆脱这种天性，就像忘不了《玫瑰人生》。

"我想先说一说自己对于女性的理解。也许是敢于指出历史夹缝中的真实，学校的政治老师对我们说，生理因素使然，男女永远都不可能处于完全平等状态——至少在当今社会。我明白那是真的，所以经常暗自抱怨上天的不公。总觉得一般女人柔脆如同玫瑰花，好年华时若是被人精心照料，就能开得烈火烹油、鲜花着锦般繁盛，但是怎么也逃不了枯败后默默腐烂的命运。这也使我有很长一段时间十分厌恶并且难以接受自己的性别。那一段时间，我真的很羡慕那些男人，生而为男人。

　　"但总归是有些转变的。譬如那个唱《玫瑰人生》的女孩。早已不知道冬日里那次宴席到底是为了庆祝什么，只记得她站起身来抚平裙摆的样子，像是抚平了时光的褶皱。她开口。这一唱，就在我脑海里回响了好几年。之后我才听说，她在法国留过学。……一个背脊挺拔的身影在宴会灯光下闪烁。她可能是我见过最迷人的女性，年轻、自信、温柔，歌唱时眼睛明亮如星。……当女性拥有独立的性格、丰富的阅历、不娇弱不强势带着中性的美丽时，谁能不被迷倒。

　　"我遇过的好友不少，从幼稚园到小学到初中都有不少与我亲近的女友，却又说不上对我有多大的影响。我们在逆境里互相扶持，一起学习一起进步，共同分享胜利果实。可能是学习成长生涯还算一路凯歌的缘故，我对漂亮、优秀、双商高的女孩子已经见惯不惊，以至于留下坏印象、讨厌到能记个几年的人都没有的。可惜终归还是繁花一场场落尽，我们也分道扬镳。

"还有更长的道路要走，还要继续下去，才能看到更让人值得铭记的风光。期待能遇见更明亮的人吧，明亮到足够在我记忆里闪耀许多年，影响我的一生。也许在女人的生命里，众多的女朋友比男人和孩子带给自己的还要多得多。她们所教会我们的东西别人无可取代。就如'赵婕文章'公众号里所说的：女人的胸怀也在互相激荡。就如同《玫瑰人生》里的歌词：'你施展魔力……我看见玫瑰般的人生。'"

11

除了上面三位少女，在《女人的女朋友》写作过程中，还有更多朋友和公众号读者令我感念。遗憾不能一一分享那些电话交谈内容、消息、私信和留言。篇幅所限，暂时分享两位女友与我的部分交流。

其中一位是我的大学室友刘丹，她看了我写到与她有关的文章初稿，给我留言说："看了两遍。有点无法入眠。眼睛有些潮湿了。我把几十年的际遇又梳理了几遍，感觉我们这段情谊，还真是被你深化了但又那么细致入微得有点不敢相信这是曾经的我们。深深感谢你的文字让我们的年华永远镌刻。我要说的是：作为文章你可以尽情书写，作为最真实的情感在我心里。后来的我们，并没有你文章中那么疏离，只是彼此能给予对方的，有些达不到心中的期许，逝水年华，带走的只是光阴，一切都有，一切都在。"

另一位朋友风里唱，比我小九岁，是"纯棉时代·感动"出版五年后认识的读者朋友。是她告诉我那句阿拉伯谚语"为了玫瑰，也要给刺浇水"，并为女友们能深深理解和支持我的写作高兴。

风里唱善于互动和归纳。她会特别指出我的文章中她喜欢的句段。比如："美好的'忘年交'女朋友，让我热爱女性这个性别，让我热爱自己的所有年龄，让我热爱任何年龄阶段的女性。"她还会站在我的前方，把期待告诉我，比如她希望有些文字能够成为"女性成长教练"，她自身就是一位不断追寻成长的女性，她还有一个充满成长热情的青春期女儿。

12

在《女人的女朋友》的初稿审阅过程中，漓江出版社"阅美文化"的符红霞女士、赵卫平女士对书稿提出了很好的调整修改意见。按照风里唱的话说，调整后的结构安排，更凸显和勾勒出友情的面貌以及对友情的更深理解与价值甄别，突出了友情在各个生命节点的影响，书的意义更多侧重于对成长中的生命的启示，多过和大于对活过的生命的回忆。

到书稿发排前一周，赵卫平女士又转告她与符红霞老师的另一种期待，她说："关于'玫瑰岁月'系列，符老师和我都觉得很好，尤其是有女朋友的温润珠玉启头，后续如果能再广、再深地围绕女性的成长成熟，以及人生阅历、人世感悟等来写，应该会成为非常有意义、有价值的中国女性人文美文系列。"

想来，《女人的女朋友》是符红霞女士给我的一个"命题作文"，《母亲的愿力》则是赵卫平女士给我的另一个"命题作文"，我欣然从命，有感而发。在写作过程中，逐渐展开，由此有了围绕女性成长各个侧面的系列主题书系"玫瑰岁月"……

这其中，既有编辑、读者、作者之间的互相召唤，也有个体之间的投缘，还有女性之间的惺惺相惜与心心相印。

在中国，有四大女性文化现象：女书、惠安女、摩梭女和自梳女。这都是女性之间的互相协助与塑造。在我们的时代，隆胸术作为美容美体的一个分支流行起来；同时，女性的胸怀也被发现、被期待，很多女性既在塑造自己的心胸，也在给自己的大脑美容，同时在互相凝视、互相塑造。

无论是在簪花少女身边的骄阳下，还是在成熟岁月的阴翳里，当女人的胸对男人构成诱惑的时候，女人的胸怀也在女性之间互相激荡，女性的情怀也在女性之间互相激发，女性的智慧也在女性之间互相照耀。在这样的激荡、激发与照耀之中，不仅包含女友攻守同盟的温情、姐妹之间守口如瓶的秘密，还有我们结伴开辟的女性成长之路，以及我们共同扩展的女性生命的广度、厚度与深度。

2019 年 3 月 22 日

悦读阅美·生活更美

好书推荐

《女人30⁺——30⁺女人的心灵能量》

(珍藏版)

金韵蓉/著

畅销20万册的女性心灵经典。

献给20岁：对年龄的恐惧变成憧憬。

献给30岁：于迷茫中找到美丽的方向。

《女人40⁺——40⁺女人的心灵能量》

(珍藏版)

金韵蓉/著

畅销10万册的女性心灵经典。

不吓唬自己，不如临大敌，

不对号入座，不坐以待毙。

《优雅是一种选择》(珍藏版)

徐俐/著

《中国新闻》资深主播的人生随笔。

一种可触的美好，一种诗意的栖息。

《像爱奢侈品一样爱自己》(珍藏版)

徐巍/著

时尚主编写给女孩的心灵硫酸。

与冯唐、蔡康永、张德芬、廖一梅、张艾嘉等

深度对话，分享爱情观、人生观！

《时尚简史》

[法] 多米尼克·古维烈 /著 治棋 /译

流行趋势研究专家精彩"爆料"。

一本有趣的时尚传记，一本关于审美潮流与

女性独立的回顾与思考之书。

《点亮巴黎的女人们》

[澳] 露辛达·霍德夫斯/著 祁怡玮/译

她们活在几百年前，也活在当下。

走近她们，在非凡的自由、爱与欢愉中

点亮自己。

《巴黎之光》

[美]埃莉诺·布朗/著 刘勇军/译

我们马不停蹄地活成了别人期待的样子，

却不知道自己究竟喜欢什么、想要什么。

在这部"寻找自我"与"勇敢抉择"的温情小说里，你

会找到自己的影子。

《属于我的巴黎》

[美]埃莉诺·布朗/编 刘勇军/译

一千个人眼中有一千个巴黎。

18位女性畅销书作家笔下不同的巴黎。

这将是我们巴黎之行的完美伴侣。

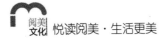

＊好 书 推 荐＊

《中国绅士（珍藏版）》
靳羽西/著

男士必藏的绅士风度指导书。
时尚领袖的绅士修炼法则，
让你轻松去赢。

《中国淑女（珍藏版）》
靳羽西/著

现代女性的枕边书。
优雅一生的淑女养成法则，
活出漂亮的自己。

《点亮生活的99个灵感》
靳羽西/著

精彩生活典范靳羽西给你的智慧建议，
用一个个细节处的闪光点，
成就你的闪亮人生。

《选对色彩穿对衣（珍藏版）》
王静/著

"自然光色彩工具"发明人为中国女性
量身打造的色彩搭配系统。
赠便携式测色建议卡+搭配色相环。

《识对体形穿对衣（珍藏版）》
王静/著

"形象平衡理论"创始人为中国女性
量身定制的专业扮美公开课。
体形不是问题，会穿才是王道。
形象顾问人手一册的置装宝典。

《围所欲围（升级版）》
李昀/著

掌握最柔软的时尚利器，
用丝巾打造你的独特魅力；
形象管理大师化平凡无奇为优雅时尚的丝巾美学。

阅美文化 悦读阅美·生活更美

好 书 推 荐

《优雅与质感——熟龄女人的穿衣圣经》

[日]石田纯子/主编 宋佳静/译

时尚设计师30多年从业经验凝结，

不受年龄限制的穿衣法则，

让你轻松显瘦、显年轻。

《优雅与质感2——熟龄女人的穿衣显瘦时尚法则》

[日]石田纯子/主编 宋佳静/译

扬长避短的石田穿搭造型技巧，

解决熟龄女性的时尚困惑，

让你更加年轻灵动、优雅迷人。

《优雅与质感3——让熟龄女人的日常穿搭更时尚》

[日]石田纯子/主编 宋佳静/译

衣柜不用多大，衣服不用多买，

只要找到诀窍，你的日常装扮

就能常变常新，品位一流。

《优雅与质感4——熟龄女性的风格着装》

[日]石田纯子/主编 千太阳/译

提升穿搭能力和着装品位，

让你选择的每套衣服都能形成

自己的着装风格。

《手绘时尚巴黎范儿——跟全世界最会打扮的女人学穿衣》

[日]米泽阳子/著 袁淼/译

百分百时髦、有用的穿搭妙书，
让你省钱省力、由里到外
变身巴黎范儿美人。

《手绘时尚巴黎范儿2——全世界最时髦女人的终极穿衣秘密》

[日]米泽阳子/著 满新茹/译

继续讲述巴黎范儿的深层秘密，
在讲究与不讲究间，抓住迷人的平衡点，
踏上成就法式优雅的捷径。

《手绘时尚范黎范儿3——魅力女王们的迷人诀窍》

[日]米泽阳子/著 满新茹/译

巴黎女人穿衣打扮背后的
生活态度，
巴黎范儿扮靓的至高境界。

阅美文化 悦读阅美·生活更美

好 书 推 荐

《我减掉了五十斤——心理咨询师亲身实践的心理减肥法》

徐徐/著

让灵魂丰满，让身体轻盈，

一本重塑自我的成长之书。

《OH卡与心灵疗愈》

杨力虹、王小红、张航/著

国内第一本OH卡应用指导手册，

22个真实案例，照见潜意识的心灵明镜；

OH卡创始人之一莫里兹·艾格迈尔（Moritz Egetmeyer）

亲授图片版权并专文推荐。

《管孩子不如懂孩子——心理咨询师的育儿笔记》

徐徐 / 著

资深亲子课程导师20年成功育儿经验，

做对五件事，轻松带出优质娃。

《太想赢，你就输了——跟欧洲家长学养育》

魏蔻蔻/著

想要孩子赢在起跑线上，

你可能正在剥夺孩子的自我认知和成就感；

旅欧华人、欧洲教育观察者

详述欧式素质教育真相。

《茶修》
王琼/著

中国茶里的修行之道，
借茶修为，以茶养德。
在一杯茶中构建生活的仪式感，
修成具有幸福能力的人。

《玉见——我的古玉收藏日记》
唐秋/著　石剑/摄影

享受一段与玉结缘的悦读时光，
遇见一种温润如玉的美好人生。

《与茶说》
半枝半影/著

茶入世情间，一壶得真趣。
这是一本关于茶的小书，
也是茶与中国人的对话。

悦读阅美·生活更美

好书推荐

《牵爸妈的手——让父母自在终老的照护计划》
张晓卉/著

从今天起,学习照顾父母,
帮他们过自在有尊严的晚年生活。
2014年获中国台湾优秀健康好书奖。

《在难熬的日子里痛快地活》
[日]左野洋子/著 张峻/译

超萌老太颠覆常人观念,用消极而不消沉的
心态追寻自由,爽朗幽默地面对余生。
影响长寿世代最深远的一本书。

《我们的无印良品生活》
[日]主妇之友社/编著 刘建民/译

简约家居的幸福蓝本,
走进无印良品爱用者真实的日常,
点亮收纳灵感,让家成为你想要的样子。

《有绿植的家居生活》
[日]主妇之友社/编著 张峻/译

学会与绿植共度美好人生,
30位Instagram(照片墙)达人
分享治愈系空间。

女性生活时尚阅读品牌

☐ 宁静　☐ 丰富　☐ 独立　☐ 光彩照人　☐ 慢养育

悦 读 阅 美 · 生 活 更 美